西安石油大学优秀学术著作出版基金资助出版

渤中凹陷深层油气运聚过程与成藏机理

赵子龙　著

中国石化出版社
·北京·

图书在版编目（CIP）数据

渤中凹陷深层油气运聚过程与成藏机理 / 赵子龙著 .
-- 北京 : 中国石化出版社 , 2023.12
ISBN 978-7-5114-7386-8

Ⅰ . ①渤… Ⅱ . ①赵… Ⅲ . ①渤海湾盆地—拗陷—油气聚集—研究②渤海湾盆地—拗陷—油气藏形成—研究
Ⅳ . ① P618.130.2

中国国家版本馆 CIP 数据核字（2023）第 246109 号

中国石化出版社出版发行

地址:北京市东城区安定门外大街 58 号
邮编:100011　电话:(010)57512500
发行部电话:(010)57512575
http : // www. sinopec-press. com
E-mail:press@sinopec. com
北京中石油彩色印刷有限责任公司印刷
全国各地新华书店经销
*
710 毫米 ×1000 毫米 16 开本　9.25 印张　168 千字
2023 年 12 月第 1 版　2023 年 12 月第 1 次印刷
定价:62.00 元

前　言

随着油气工业的高速发展和勘探技术的日益提升，以及资源规模大、单井丰度高、油气藏类型好的油气资源在整个矿产资源总量中占比的急剧递减，深层、深水以及非常规领域的油气资源已逐步成为中国陆上乃至全球油气勘探的热点。中国海上油气勘探正逐步迈向深水深层、高温高压、低孔低渗和潜山岩性圈闭领域，勘探过程中所面临的系列问题日趋复杂，寻找优质储量难度逐步加大。其中，渤海湾盆地渤中凹陷是中国海域油气最为富集的生烃凹陷之一，历届资源评价显示其资源潜力超过 50 亿 t，占渤海油田凹陷资源潜力的 40% 以上，是中国海域油气勘探的主战场。

为对渤中凹陷的油气运聚成藏关键问题加以梳理，系统探讨渤中凹陷深部流体示踪及其活动模式、深层天然气地化特征及成因，对输导体系发育特征和流体动力恢复与演化进行再评价，笔者编撰了本书，重点介绍了渤海湾盆地渤中凹陷西南部渤中 19–6 气田的油气运聚过程和成藏机理，以及在如下几个方面取得的主要认识：

（1）渤海湾盆地渤中凹陷岩石圈底部发生了强烈的热膨胀，壳、幔物质在底辟作用下向上喷涌。深大断裂主要经历了印支 – 燕山早期挤压逆冲和喜马拉雅期断裂伸展发育、再活化过程。岩相学组合特征和地化数据表明，渤中凹陷广泛发育的深部流体主要源于上地幔深部物质，略受地壳物质污染。该深部流体借助深大断裂 – 裂缝体系，自喜马拉雅期以来，通过中心式和裂隙式区域喷发活动涌出。

（2）渤中凹陷深层天然气以烃类气体为主，多数为“湿气”，处于成熟 – 中等成熟阶段。天然气是热成因的原油伴生气，主要由干酪根裂解气构成。同源不同成熟度天然气的充注混合、晚期高成熟天然气的充注引发的“蒸发分馏”和深部外源高温和过渡金属参与下的“瑞利分馏”综合成因导致复杂的碳同位素反转。结合天然气流体性质、输导体系发育和油气运聚成藏背景，渤中凹陷西南部渤中 19-6 深层天然气可能经历了较长距离的多源供烃，多为远源油气运聚成藏的结果。

（3）渤中凹陷的输导体系主要发育有高渗岩体、断层、不整合面和裂缝。多期形成的北北东和近南北向的正平移断裂、北西和北东向共轭走滑断裂，在新构造运动期间得以活化和再发育，为深层流体提供优势运移通道。裂缝主要包括近垂直缝、斜交缝和水平缝。水平缝形成时间要早于近垂直缝，近垂直缝早于斜交缝。石英颗粒碎裂缝和方解石充填的水平缝要早于石英半充填的近垂直缝，后者要早于方解石充填的斜交缝。多期次构造演化和烃源岩生、排烃增压耦合均有助于裂缝网络的形成。渤中凹陷西南部深层油气在高渗岩体、不整合面、断裂和裂缝等优势输导格架下发生了多阶段、长距离的运聚过程。

（4）渤中凹陷古近系层系纵向上仅发育一个较为明显的超压带，即 E_3d_2，为单超压型，粒度由粗变细的岩性组合构成了常压带与超压带间的压力界面。超压成因主要包括生烃增压和断裂引起的压力传递，其中，生烃增压是渤中凹陷超压的主要贡献者。以“孔隙度→压力→热史→算法”顺序为模型建立思路，模拟值与标定值吻合度较好，3D 模型可行度较高。流体动力演化整体表现为油势梯度逐渐增大，自约 5.3Ma 以来达到最大。

（5）渤中凹陷西南部深层原油在 9.5Ma 发生早期充注，自 5.3Ma 以来，主要发生天然气充注。渤中 19-6 井区的优势运聚指向主要是来自凹陷主洼、南洼和西南洼沙河街组的优质烃源岩，沿北东 - 南西方向和东南 - 西北方向发生优势运聚。油气沿断层 - 裂缝 - 高渗岩层 - 不整合面发生垂向和侧向长距离运聚。形成了“多源汇聚供烃 - 早油晚气 - 长距离垂、侧向差异运聚”的油气成藏模式。

本书共六章。第一章绪论，第二章渤中凹陷深部流体示踪，第三章深层天然气地球化学与成因，第四章输导体系发育特征，第五章流体动力恢复与演化，第六章油气运聚过程与成藏机理。

在本书编写过程中，得到中国海油（天津）渤海石油研究院相关领导和专家的鼎力支持、帮助和指导，在此表示诚挚的感谢!

本书能够顺利出版得益于陕西省自然科学基础研究计划项目“泥岩化学压实及其成因机制——以东海陆架盆地西湖凹陷为例”（编号：2023-JC-QN-0302）和“西安石油大学优秀学术著作出版基金”的联合资助，在此向一直关心和帮助本书出版工作的西安石油大学科技处和地球科学与工程学院的领导和同事、西北大学地质学系的老师和同学一并表示衷心的感谢!

本书所反映的仅是科研过程中的阶段性成果，不足之处在所难免，敬请各位专家、读者批评指正。本书对所引用的资料数据尽量做了标注，受作者水平所限，难免有不详之处，请给予谅解和指正。

目 录

第一章

绪　论

第一节
油气运聚成藏研究的目的与意义

深层油气资源在全球矿产总量中所占比例较低，然而，近年来的成功勘探实践表明，该领域具有巨大的勘探前景（张光亚等，2015）。有关"深层"界限通常以深度厘定，其值在中国东、西部有所差异，东部地区3500~4500m定义为深层，超过4500m称为超深层（张光亚等，2015；戴金星等，2018）。

渤海湾盆地渤中凹陷渤中21/22构造古生界奥陶系碳酸盐岩深层潜山气藏的钻探成功，拉开了渤中凹陷深层油气勘探序幕（周心怀等，2017），渤中凹陷西南部渤中19-6构造太古界变质片麻岩深层潜山千亿立方米凝析油气田的重大突破，助推和加速了渤中凹陷深层油气勘探进度（谢玉洪等，2018；薛永安和李慧勇，2018），也给科学研究和生产实践带来了诸多困惑和挑战。渤海湾盆地渤中凹陷是中国东部凹陷油气勘探发现较早的成熟探区之一，各次洼普遍发育古近系沙河街组三段（E_2s_3）、沙河街组一＋二段（E_2s_{1+2}）和古近系东营组三段（E_3d_3）优质烃源岩（姜福杰和庞雄奇，2011；徐长贵等，2019）。钻录井显示和岩心观察显示，渤中19–6构造原位烃源岩厚度较薄，泥岩中无–较弱荧光显示，宏观地质背景为古潜山构造。据此推测渤中19–6深层油气可能为凹陷周缘深次洼优质烃源岩生、排油气运移至此成藏的结果（李慧勇等，2019）。同时，历经60余年的勘探尚未发现大型天然气田，其主要原因是渤中凹陷主力烃源岩为低成熟度腐泥型和混合型，以生油为主，不利于大型天然气藏/田的形成（胡见义等，1986；蒋有录，1999；赖万忠，2000）。渤中19–6凝析油气的发现证实了该类型烃源岩具备规模天然气生烃潜力，但如何解决低成熟度腐泥型烃源岩生成规模天然气这一科学问题显得尤为迫切。富氢深部流体的加入可能成为目前实验范围内证实低成熟度腐泥型烃源岩能够生成规模天然气的合理解释，生气产率可增加147%以上（金之钧等，2002）。同时在总结、分析我国东部20个碱性火山岩和二辉橄榄岩捕虏体中流体组成发现，深部幔源流体组成以H_2含量高和挥发性气体含量低为特征（韩宗珠等，2008；张铭杰等，2009）。因此，渤中凹陷深层油气来源以及深部流体示踪成为制约深层油气勘探的首要问题。

油气作为流体矿产，其运聚作用能反映其时空演化的地质过程，而流体动力是油气运聚成藏机制研究的核心内容（张厚福和金之钧，2000；罗晓容等，2018），也是探讨不同尺度、不同规模下油气成藏特征、演化历史和勘探开发中必须解决的实际问题（王震亮，1999，2002，2007）。能够较好约束油气优势运移方向的地球化学指标在研究运聚成藏机制中得以充分发展，如流体包裹体反映的古温度、古流体压力、荧光颜色的定量识别（王震亮等，2016），原油含氮化合物（王铁冠等，2000；刘洛夫等，2006；付金华等，2017）和原油色–质分析（王铁冠等，2018；张水昌等，2012）。

鉴于中国东部海域盆地渤中凹陷油气勘探开发实践，对油气运聚成藏过程的研究薄弱。本书立足于油气勘探、评价井和较为翔实的各种分析测试资料，选取渤中凹陷西南部典型油气藏作为油气运聚主要解剖区，旨在揭示各次洼富烃主力烃源岩生成的油气向储集层运移充注的过程。对该问题的梳理有助于深刻理解和夯实深层、深水和非常规油气运聚成藏理论，为中国东部海域盆地的油气勘探和“甜点”目标区的优选提供理论借鉴。

第二节
油气运聚成藏研究现状与存在问题

一、深部流体

深部流体是指沉积盆地基底以下的幔源挥发性流体以及板块俯冲过程中岩石脱水所产生的流体或者受幔源热源驱动的深循环流体（Fyfe，1997；刘全有等，2019）。深部流体的发生和运移与底辟作用产生的孔隙流体压力关系密切（Klaucke 等，2015）。断层相关的逆冲背斜脊的演化发育不仅为深部流体向上运移提供了局部的伸展环境，而且其展布形态控制着流体运移路径和规模（Laird 和 Morley，2011；Yamada 等，2014；Argentino 等，2019）。深部流体具有较高的温度，在裂缝周围部分可见热褪色现象（金之钧等，2006），在压力降低的情况下，脉体体积迅速膨胀或发生沸腾产生热碎裂现象（Jébrak，1997）。方解石、白云石、石英、黄铁矿等矿物是指示深部流体活动的常见矿物，其矿物组合方式由深部流体所携带的物质成分和流－岩相互作用决定（金之钧等，2006；朱东亚等，2008；胡文瑄，2016）。埋深较大储层中的自生钠长石结晶温度集中于 90～110℃，是典型的热液成因矿物。断裂－裂缝体系中的黄铁矿是深部热液活动的产物。深部流体可从岩浆侵入体中通过水岩反应获得一定数量的 Mg^{2+}，并沿断裂－裂缝体系发生热液白云化作用（Davies 和 Smith，2006；Jacquemyn 等，2014），鞍状白云石的沉淀就已被证实来源于深部热液活动过程中白云石的溶解（张林晔，2008；舒晓辉等，2012）。

深部流体活动的显性表现为火山岩喷发岩浆活动，应用主 / 微量元素、同位素和地幔捕虏体中流体组成判识火山岩形成环境、深部流体性质等成为学术界的主流方法（Emel’yanova 和 Lelikov，2016；Columbu，2018）。微量元素地球化学被用于重塑碳酸盐岩胶结物形成过程中的流体环境（Feng 等，2009；Zwicker 等，2018）。稀土元素（REE）作为一组具有类似地球化学性质的元素，能够反映深部流体成分的变化（Elderfield 和 Sholkovitz，1987；Elderfield 等，1988；Haley 等，2004），并允许追踪流体的地球化学过程（Bayon 等，2011；Himmler 等，2013）。裂缝中的方解石胶结物的碳、氧同位素可用来判识从火成岩和变质岩中分离出来的矿物（Peter，1977），深部流体示踪和有机无机成因等。锶同位素在特定时代、同一水域内 $^{87}Sr/^{86}Sr$ 值基本保持不变，不受纬度和深度的影响（McArthur 等，1992），主要受壳源和幔源深部流体性质控制。裂缝碳酸盐岩胶结物中 Sr 同位素比值发生偏差的原因可能表明流体与岩石相互作用过程中改变了流体混合样式（Viola 等，2017；Argentino 等，2019）。依据 $\delta^{13}CO_2$–CO_2 统计关系能够区分 CO_2 为有机成因或无机成因（戴金星等，1996），有机成因是富集碳的轻同位素（$\delta^{13}C_{CO_2} < -10‰$），而无机成因为富集碳的重同位素（$\delta^{13}C_{CO_2} > -8‰$），但 $\delta^{13}CO_2$–CO_2 统计关系不能够区分壳－幔中各种无机成因的 CO_2，与 CO_2 伴生的天然气中氦同位素组成是判识幔源和壳源流体的灵敏指标（Jenden 等，1988），幔源岩浆成因 CO_2 伴生氦的 $R/R_a > 2$，壳幔混合成因 CO_2 伴生氦的 R/R_a 值为 1~2，壳源成因 CO_2 伴生氦的 $R/R_a < 1$（何家雄等，2005；Hu 等，2009）。流体包裹体反映了其宿主矿物成岩与流体发生充注耦合时期的古温度和古流体成分等地化信息（Florian 等，2016），在均一温度大于其所在地层达到的最高温度的情况下反映有深部流体活动的痕迹（李弛等，2019）。

二、油气成因

数十年的全球油气勘探实践证实深层油气成为增储上产的中流砥柱（Simmons，2002；Bennett 等，2013；张光亚等，2015）。同时，大量的油气勘探理论揭示了深层油气具有特殊的油气地质特征，如突破了传统的干酪根热降解和裂解生排烃机制，考虑了超压对生烃抑制的影响（Osborne 和 Swarbrick，1997；周勇水等，2014），深部外源氢流体（刘全有等，2019）和源外分散可溶有机质（残留烃）的生烃贡献（赵文智等，2015），油气储层成藏界限的进一步降低（马永生等，2011；王德英等，2019）。随着勘探程度的进一步深入，深部油气流体性质（张水昌等，2011），油气成因，液态烃裂解范围（Fusetti 等，2010；Uguna 等，2016）和运移分馏过程（Thompson，2010；李美俊等，2018）等内容，对精准预测深层油气藏提出了更高的挑战。

渤海湾盆地渤中凹陷渤中 19–6 构造深层天然气田的发现不仅揭示了渤中凹陷深层巨大的天然气勘探潜力，而且拉开了深入研究渤中凹陷深层的序幕（薛永安等，2018，2019，2020；徐长贵等，2019；王德英等，2019）。在渤中凹陷深层的几个代表性勘探区块中，如渤中 13/19、渤中 21/22、渤中 26/29 以及曹妃甸 18–1/2，这些区块的天然气目前代表了渤中凹陷深层天然气的全部类型，可能具有最为复杂的成因。深层天然气田多数发育在西湖凹陷的低凸起带上，其周缘被多个气源岩发育的次洼（西南洼、南洼和主洼）所环绕，烃源岩层位主要包括东营组三段（E_3d_3）、沙河街组一 + 二段（E_2s_{1+2}）和沙河街组三段（E_2s_3）泥岩（Hao 等，2011；Jiang 等，2016；徐长贵等，2019）。渤中 19–6 构造天然气田是在渤中凹陷首次发现的第一个深层天然气田，相关研究尚处于起步阶段。近两年公开发表的文献中对渤中凹陷深层天然气的成因凭借有限的天然气数据，主要证实了干酪根热裂解气（薛永安和李慧勇，2018；李慧勇等，2019；胡安文等，2020）和干酪根热降解气（薛永安，2019）。同时，该地区深层天然气田的发现伴随着大量凝析油资源的产出，数千亿立方米资源量天然气田的主力烃源岩为古近系中 – 深湖相泥岩，有机质丰度为 1.3%～5.1%，平均值为 3.0%，有机质类型主要为 II_2– II_1 型（姜雪等，2019；薛永安和王德英，2020）。依据经典的生气动力学模型计算，生成的天然气量与勘探证实的资源量存在一定差距，富氢深部流体进入Ⅱ型干酪根后可能促进其大量生成天然气（Jin 等，2004）。在此特殊的成藏背景下，渤中凹陷深层天然气地化特征和天然气成因中是否有原油裂解气的贡献，成为研究者最为合理的怀疑。

三、输导体系

输导体系在一定程度上影响了含油气系统内油气运聚规模和圈闭能否高效成藏，其展布性质和发育特征影响了油气运聚方向（王震亮等，2004，2016；罗晓容等，2018）。基于古流体势分布、孔渗演化历史和 S_{olm} 参数首次确定出有效输导通道（王震亮和陈荷立，1999）。诸多学者依据不同输导体系间的主要类型及其配置关系（朱筱敏，2005；何登发，2007；吕延防等，2015）、成因及形成时间（梁书义，2005；林玉祥等，2015），在油气运聚及成藏过程中的作用（付广和付晓飞，2001；罗晓容等，2012；付晓飞等，2013；吴康军等，2014；孙同文等，2019）以及数值模拟和物理模拟实验分析（王震亮等，2000，2005；曾联波等，2007；范昌育等，2016；罗晓容等，2007，2018）等对其进行了不同方面的探究。

诸多研究认为，已探明的油气藏较大程度上受断层发育影响，通过其展布类型和发育特征（余一欣等，2018；李龙等，2019）、成因（王冠民等，2016；张震等，2018）、密度、倾向和倾角特征（王明等，2010；Wang 等，2016）、断距和活动速率（邹华耀等，2010；王冠民等，2017）等方面描述了断层对油气运聚成藏的影响。基于沉积相背景、地震响应、测井判识、薄片观察和物性特征等方面较为详细地探讨了渤中凹陷高渗岩体和不整合面的输导性能（张成等，2013；牛成民等，2016；高徐辉等，2019）。渤中凹陷深层油气储集空间以太古界片麻岩类裂缝型和孔－缝型为主（侯明才等，2019），裂缝成为深层油气运聚成藏的重要输导通道（牛成民等，2018）。

目前对渤中凹陷断层和高渗岩体三维输导体系框架的搭建尚无详细报道，断层演化、裂缝类型及其形成机制的研究较为薄弱，具体表现为断层演化与时空构造背景的耦合关系，断层形成机制等仍需作进一步讨论。渤中凹陷深层储层中裂缝类型、发育期次与其形成机制研究仍存在不足之处。

四、流体动力

油气运聚成藏过程的实质是促使油气运移的各种成因产生的超压在特定条件下达到动态平衡的结果（李明诚，2004；王震亮等，2002，2004，2007）。识别异常高压成因机制是流体动力恢复的重要前提，也是流体动力研究的重点和难点。我国渤海湾盆地多数含油气凹陷发育超压，欠压实作用被认为是渤海湾盆地古近系大规模形成的首要原因或是压实不均衡与生烃作用共同作用的结果（郝芳等，2004；刘晓峰等，2008；邹华耀等，2011）。近年来证实，生烃作用对渤海湾盆地古近系超压的形成可能更具有重要贡献（张善文等，2009；Guo 等，2010；蒋有录等，2016）。与此同时，识别超压成因方法中相继出现了综合压实曲线法（王震亮等，2002）、鲍尔斯法（Bowers，2002）以及综合分析法（赵靖舟等，2017），数值模拟法分析超压成因也逐渐引起学者的关注（Baur 等，2018；文晨曦，2019）。

流体动力定量表征是在异常压力成因机制判识后进行动力演化的必然过程。其中，盆地模拟是研究流体动力演化的主要手段（王震亮和陈荷立，2007；András 等，2012；刘可禹和刘建良，2017）。应用 BasinMod® 软件模拟了东海西湖坳陷流体动力场的演化过程，探讨了流体动力演化对油气成藏的影响作用（张远兴，2009）；通过 PetroMod® 软件模拟了琼东南盆地古压力及油气运移演化过程（孔敏，2010）；基于包裹体 PVTx 和 PetroMod® 软件对盆地模拟了系统反演鄂尔多斯盆地上古生界古流体压力（廖玲玲和王云鹏，2015）。此处，利用经历不同演化阶段的流体包裹体恢复深层－超深层流体动力是深层油气研究的主要方法（邱楠生等，2018；Klyukin 等，2019）。数值模拟方法及其整套技术流程也为不同尺度规模的油气勘探提供了多阶段演化的压力数据体（罗晓容等，2018；许建华等，2018）。因此，超压成因判识与流体动力的恢复是油气运聚研究的核心问题，应对流体动力演化特征及其对油气运聚成藏的影响需开展进一步分析。

五、油气运聚成藏机制

近些年，油气运聚成藏理论研究取得明显进展。如根据断层在活动和静止时期输导方式及输导能力的差异，总结了渤海湾盆地低凸起带油气是以断层双重输导 – 多层系充注 – 不整合面分流的运聚成藏模式。油气富集与洼陷类型、输导体系及运移距离有一定的相关性（蒋有录等，2019）。利用盆地数值模拟技术，在恢复关键成藏期的古流体动力的基础上，结合天然气运移方向后得出鄂尔多斯盆地下古生界碳酸盐岩天然气发生阶段性充注成藏，同时有侧向运移和阶段运聚调整的成藏过程（王震亮等，2016）。渤海湾盆地冀中坳陷洼槽区源内与源外不同尺度运聚成藏模式，斜坡区优势运移充注成藏模式（赵贤正等，2019）。鄂尔多斯盆地七里村油田长 6 段原油并非湖盆中心长 7 段优质烃源岩所生油气经长距离运移而来，而主要为原位长 7 段烃源岩生成的原油经垂向运移和短距离侧向运移在长 6 段等储层中聚集成藏，属近源成藏（赵靖舟等，2020）。

渤海海域浅层成藏模式包括断层 – 砂体输导控制的油气运聚“中转站”成藏模式（邓运华，2005，2012）；油气运移的“汇聚脊”模式（薛永安，2018）；富烃凹陷 + 断层活动输导 + 区域盖层耦合成藏模式（周心怀等，2009；薛永安等，2016）以及油气差异汇聚成藏模式（邓运华等，2017；杨海风等，2019）。深层油气成藏模式包括基岩断层耦合 + 临近富烃凹陷 + 泥岩覆盖的成藏模式（邓运华，2015）；优质源岩生气 + 多期构造控储 + 超压泥岩封闭的成藏模式（薛永安和李慧勇，2018）；多源超压充注 + 常压 – 弱超压储层汇聚 + 厚层超压泥岩盖层保存的成藏模式（徐长贵等，2019）以及高温流体多期幕式充注的成藏模式（谢玉洪等，2019）。

油气成藏理论的发展为深层油气运聚成藏机制的研究提供了扎实的理论基础，相关油气成藏模式的总结为剖析渤中凹陷西南部深层油气运聚提供了研究背景。然而，在输导格架发育的背景下，富烃深次洼的油气贡献与深部流体参与的低成熟度烃源岩生、排烃，并经凹陷向低凸起区充注的过程和优势运聚指向尚待明确。

第三节

油气运聚成藏关键问题的主要研究内容

针对上述研究现状及存在问题，拟开展以下五个方面的研究工作：

（1）深部流体示踪。

（2）深层天然气地球化学成因。

（3）输导体系发育特征。

（4）流体动力恢复与演化。

（5）油气运聚过程与成藏机理。

第四节

油气运聚成藏关键问题的研究思路及技术方法

为实现上述研究目标，突出油气运聚成藏中的关键因素，如天然气成因、流体动力和运聚成藏过程等，结合油气运移地质背景和成藏产生的地球化学效应，以“生－运－聚”为主线，开展深部流体示踪、深层天然气地球化学成因、泥岩化学压实及其成因机制以及超压成因机制再评价等研究，结合搭建的 3D 输导格架和恢复的流体动力，在地化指标约束下剖析渤中凹陷深层油气运聚成藏过程，建立成藏模式。主要研究技术路线如图 1–1 所示。

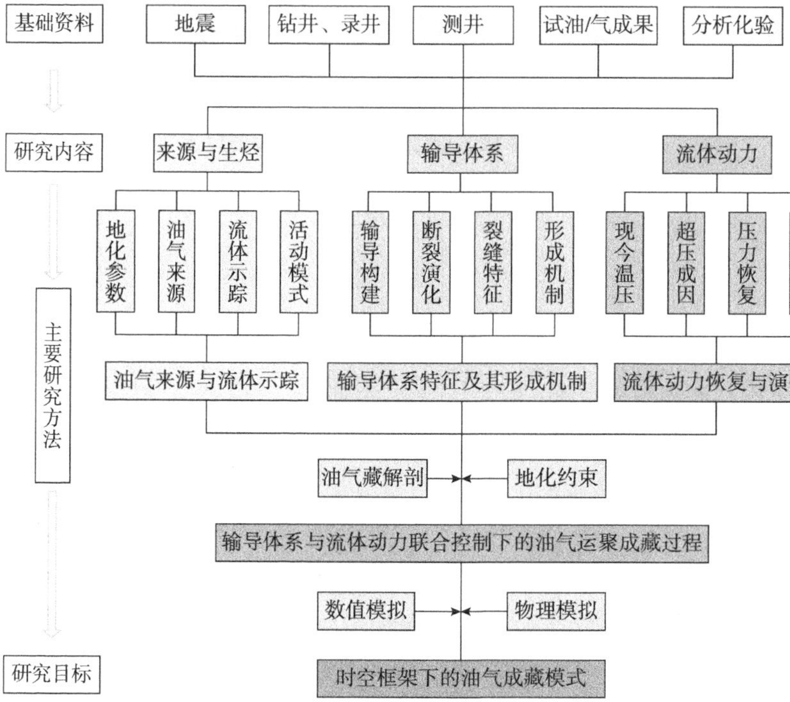

图 1-1　油气运聚成藏关键问题研究技术路线图

（1）对裂缝中的胶结物进行岩相学观察、流体包裹体分类和测温。裂缝和围岩方解石胶结物碳、氧同位素和裂缝方解石胶结物锶同位素测试，对 CO_2 和氦同位素分析，结合地质背景进行深部流体示踪，总结其活动模式。

（2）综合运用已钻井中原油和天然气组分、稳定同位素、原油同位素以及干酪根同位素等地化指标，分析渤中凹陷深层天然气地球化学特征，结合沥青分布和原油裂解等成藏背景，揭示深层天然气可能发生的运移分馏和充注混合。结合深部流体活动模式，综合揭示深层天然气成因及其成藏意义。

（3）通过地震解释数据体和各层位沉积相图，搭建高渗岩体、断层和不整合面输导。基于断裂演化特征，结合区域动力学背景和运动学机制分析其形成机制。通过岩心描述和薄片观察，总结裂缝类型和发育特征，明确其形成期次，综合分析其形成机制。

（4）在现今温压表征的基础上，利用综合压实曲线法和鲍尔斯法，结合超压产生的地质背景等综合判识其成因。借助流体包裹体和盆地数值模拟技术手段恢复古流体动力。在相关参数有效验证的前提下剖析流体动力场演化及其对油气运聚成藏的影响。

（5）基于混合算法模拟出的成果，结合包裹体显微综合特征，UV 激发下的各种荧光颜色、性质，综合探究输导体系与流体动力联合控制下的油气运聚成藏过程。优选适合渤中凹陷深层的饱和烃参数、原油含氮化合物和油包裹体定量荧光参数约束石油优势运移指向，结合物理模拟和数值模拟综合探究渤中凹陷深层油气运聚过程，总结、建立成藏模式。

第二章

渤中凹陷深部流体示踪

渤海湾盆地渤中凹陷是中国油气勘探发现较早的成熟探区之一，先后发现蓬莱 19–3、秦皇岛 32–6 等亿吨级油田，属于典型的油型盆地。尽管历经半个多世纪的勘探，却很少发现大型天然气田。渤中 19–6 气田的成功发现，既表示渤中凹陷具有巨大的天然气勘探潜力，也给典型的油型盆地和腐泥型烃源岩如何形成规模天然气的研究带来新的挑战。加氢实验业已证实腐泥型烃源岩在富含氢的深部流体的加入后能够生成规模天然气，但是，渤中凹陷是否有深部流体活动成为解决这一学术挑战的关键所在。

本章将通过钻井岩心、微观薄片和多种同位素证据，提高我们对渤中凹陷深部流体活动示踪的系统认识。首先，从深部流体可能经过的运移路径、裂缝和围岩胶结物特征以及矿物组合类型等方面，归纳能够反映渤中凹陷深部流体活动的岩相学组合特征。其次，将这些宏观信息与来自火山岩的主、微量元素，裂缝胶结物内的流体包裹体，$\delta^{13}C$ / $\delta^{18}O$、$^{87}Sr/^{86}Sr$、R/R_a 等地化证据进行互相印证。结合渤中凹陷新生代构造特征、深大断裂多期次演化和运动学机制背景，建立渤中凹陷深部流体活动模型，为腐泥型烃源岩生成规模天然气提供新的见解。

第一节
地质背景

一、区域构造特征及演化

自古生代以来，华北东部地区的构造发育受控于古亚洲洋、特提斯洋和古太平洋动力学背景（任纪舜，1994；翟明国等，2003），末期形成的兴蒙造山带为华北东部地区进入中生代演化提供了相对固定边界，见图 2–1。中生代以来的“印支运动”“燕山运动”等动力学背景是渤海湾盆地构造变化的重要转折时期，其主要形成机制是欧亚板块挤压和滨太平洋俯冲碰撞（杨明慧等，2002）。渤海湾盆地在中生代以来受制于欧亚板块挤压、滨太平洋俯冲碰撞和深大断裂发育等多种因素的影响，形成了规模性的裂陷或断陷盆地构造背景，见图 2–2。

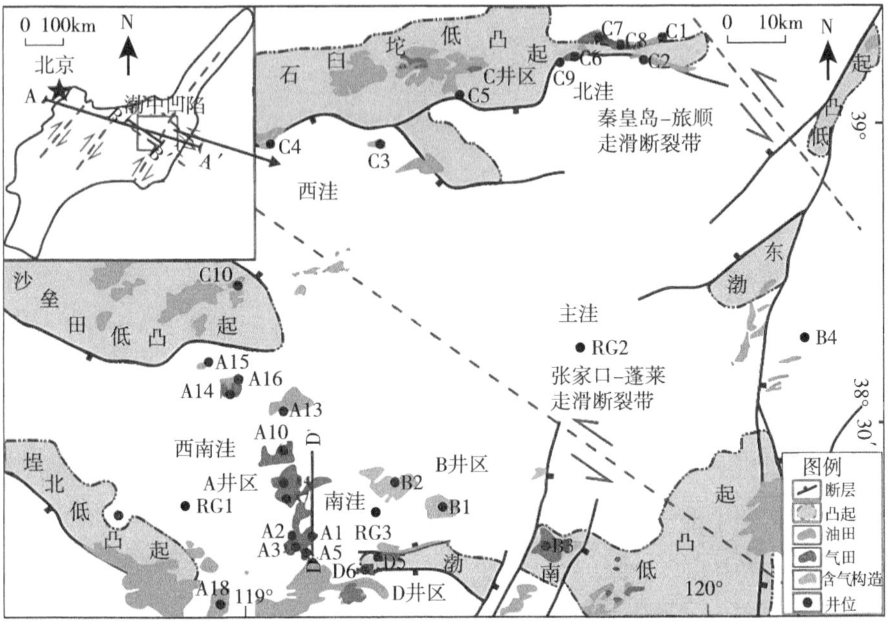

图 2–1　渤海湾盆地渤中凹陷古近纪构造单元划分与主要油气田分布

（a）早-中三叠世华北板块盆地原型　　（b）晚三叠世华北板块盆地原型

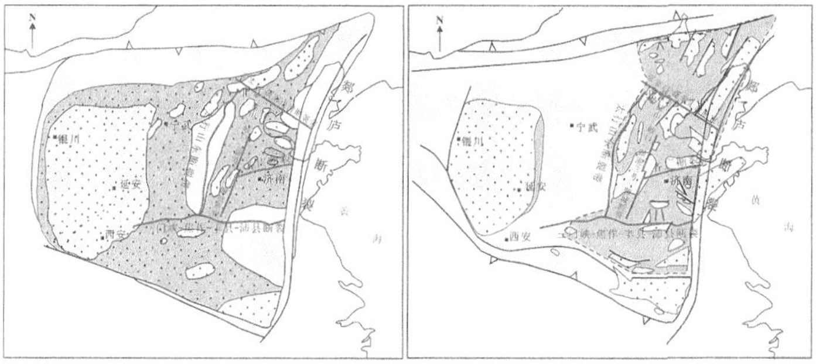

（c）早-中侏罗世华北板块盆地原型　　（d）早白垩世华北板块盆地原型

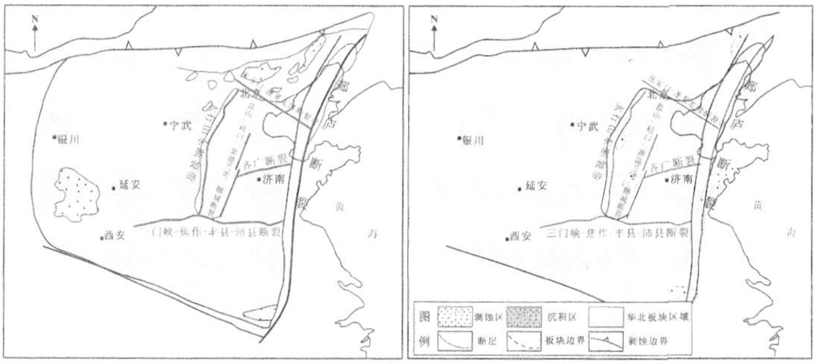

（e）晚侏罗世华北板块盆地原型

图 2-2　渤海湾盆地中生代以来格局演化［中国海油（天津）渤海石油研究院和吴智平等，2007］

二、地层发育特征

渤中凹陷各低凸起的边界以深大断裂为主要界线，受边界断裂陡坡带综合影响，按顺时针方向依次为渤东低凸起、渤南低凸起、埕北低凸起、沙垒田和石臼坨低凸起（图 2-1）。目前，渤中凹陷深层油气目标区主要位于渤中凹陷西南部。钻遇地层由下至上依次为太古界、奥陶系、古近系和新近系。其中，奥陶系地层仅在 B 井区发育。含油气层系自下而上主要包括太古界（Ar）的花岗片麻岩类，古近系孔店组（Ek）的砂砾岩、沙河街组（E_2s_2和 E_2s_1）的中－细砂岩、东营组（E_3d_2 和 E_3d_1）的中砂岩以及新近系的馆陶组（N_1g）和明化镇组（Nm）的砂岩储层，见图 2-3。文中的深层储层指深层潜山变质片麻岩类和砂砾岩，以及部分沙河街组和东营组深埋砂岩。基于

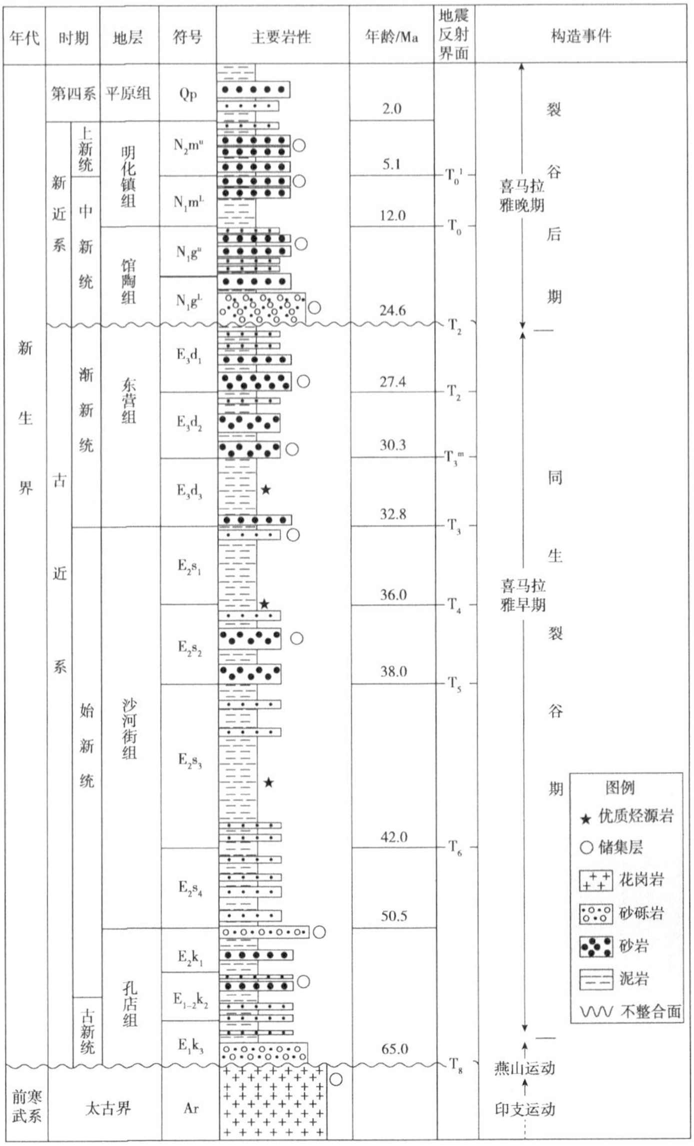

图 2-3　渤海湾盆地渤中凹陷西南部地层综合柱状图

烃源岩形成的气候环境、构造条件和其厚度、丰度、类型等方面的研究，认为渤中凹陷主要发育 3 套优质烃源岩，分别为 E_2s_3、E_2s_{1+2} 和 E_3d_3（谢玉洪等，2018；徐长贵等，2019；姜雪等，2019），上述烃源岩属于低成熟度的倾油型源岩类型（蒋有录等，1999；赖万忠，2000）。

第二节
样品和方法

一、样品准备与收集

根据渤中凹陷深层天然气井位的分布范围和层位分布情况，同时兼顾钻井岩心的含气性情况等，选取了 10 余口典型井进行岩心观察，对其中钻井取心长、层位齐全的 A3 井、A4 井、A7 井等钻井岩心进行了有选择性的取样。针对性地对火山喷发岩样品中的主、微量元素，脉体和围岩方解石胶结物中的流体包裹体，C、O、Sr 同位素进行了分析测试。系统收集与整理了前人发表的 CO_2 同位素和 He 同位素地化数据。

二、实验和分析方法

1. 岩相学观察

本次研究重点为裂缝及与裂缝相连接的粒间溶孔胶结物的岩石学特征。岩石薄片观察采用 ZEISS Scope A1 双通道透射 – 反射光显微镜，在不同物镜倍数（2.5 倍，5 倍，10 倍，20 倍，50 倍，100 倍）下观察岩相学特征及其组合类型，利用铁氰化钾和茜素红混合染色剂染色以区分不同类型的碳酸盐岩胶结物。阴极发光薄片观察采用 Nikon LV100N POL 透射光显微镜，结合 B Ⅱ CLF-1 阴极发光仪激发阴极光进行阴极发光薄片分析，实验条件：电源为 100~230V，10A，输出电压/电流为最大 40kV/2mA，真空度为 0.003mbar，步进平台控制为 6 种速度模式，工作环境温度为 22℃，湿度为 50%。选取有代表性且平整的新鲜面作为观察面，将自然晾干的样品放进离子溅射仪中镀金膜。应用 FEI Quanta 400 FEG 环境扫描电子显微镜进行显微矿物分析，主要技术指标为真空度下 IGP<5 × 10^{-4}Pa、上 IGP<5 × 10^{-7}Pa，加速电压 500~30kV，像散小于或等于 50μm，放大倍数在 7~1000000 倍，图像分辨率≤ 3.5nm。

2. 主、微量元素分析

采集的样品均为渤中凹陷中生界火山喷发岩样品，包括安山岩和凝灰岩。选取蚀变较弱的安山岩样品进行测试。经无污染破碎缩分出 300g 样品并研磨至 75μm（200 目）供化学分析。微量元素和稀土元素分析采用 HF+HNO_3 密封溶解，加入 Rh 内标溶液后转化为 1%HNO_3 介质。应用 Perkin Elmer 公司生产的 Elan9000 电感耦合等离子体质谱仪测定微量元素，主量元素分析采用荷兰 PAN alytical 生产的 Ax-ios 荧光光谱仪（XRF），各项元素的分析精度优于 5%。

3. 流体包裹体分析

流体包裹体类型、特征观察采用德国 Carl 生产的 ZEISS Scope A1 双通道荧光-透射光显微镜，均一温度测定采用 Linkam THMS 600G 型冷热台，测定误差为 ±0.5 ℃，初始升温速率为 5 ℃/min，接近均一状态时调整为 2 ℃/min，分析方法和依据为《沉积盆地流体包裹体显微测温方法》（SY/T 6010—2011）。应用 Relion MSS 微区取样仪对裂缝脉体和围岩样品进行微区取样以便更好地精准测试，实验条件为电压 220V，工作温度室温 22 ℃，湿度 50%。

4. C、O 同位素测试

使用 10% 的 H_2O_2 清洗粉碎至粒径为 0.075mm 的碳酸盐岩样品粉末，然后用丙酮吸水，将烘干箱中烘干后的样品放入制样瓶中，在 Thermo Fisher 公司生产的 GasBench Ⅱ多功能气体发生装置中采用磷酸法制成 CO_2 气体，之后气体进入 Thermo Finnigan MAT 253 气体稳定同位素比值质谱仪，分析获得 C、O 同位素值，测试精度均为 ±0.08‰。结果以相对于 Vienna-PeeDee Belemnite（V-PDB）标准的标准 δ 表示法报告。$\delta^{13}C$ 和 $\delta^{18}O$ 值的精度均为 0.1‰（1σ）。

5. Sr 同位素测试

挑选样品时充分考虑到 Sr 同位素可能受到的杂质干扰，尽量挑选不含杂质的样品，研磨至 100 目以下。使用酸溶法制备样品，具体步骤为：在 50mg 样品粉末中加入 1mL 浓 HF、0.6mL 浓 HNO_3，密封后在烘箱内 180 ℃下加热 96h 直至样品完全溶解，再加入 1mL 浓 HNO_3 并将液体部分加热蒸干，然后加入 3mL 浓 HNO_3，密封后在烘箱 130 ℃中加热 4h 浸出样品，然后在样品溶液中加入 1mL Rh，稀释至 50mL。分析测试所用仪器为 Phoenix 热表面电离质谱仪，参照《岩石中铅、锶、钕同位素测定方法》（GB/T 17672—1999）。

第三节
实验结果

一、岩相学组合特征

随着深部流体的活动，温度、压力条件的改变以及与围岩的相互作用，特殊矿物通常会在裂缝中或其周围沉淀。如图 2-4 所示，岩心观察显示［图 2-4（a）］深层天然气储集层中发育多类型裂缝体系，并且靠近断层处裂缝尤为发育，其中潜山变质岩类岩石中储集空间主要以裂缝为主，充填特征是以石英石、方解石为主，未充填部分被原油和沥青占据。奥陶系白云岩层段中，可见相互切割的被方解石充填的裂缝，方解石脉宽 0.3~1.0cm，如

图 2-4（b）所示，裂缝周围存在热褪色和热碎裂现象。

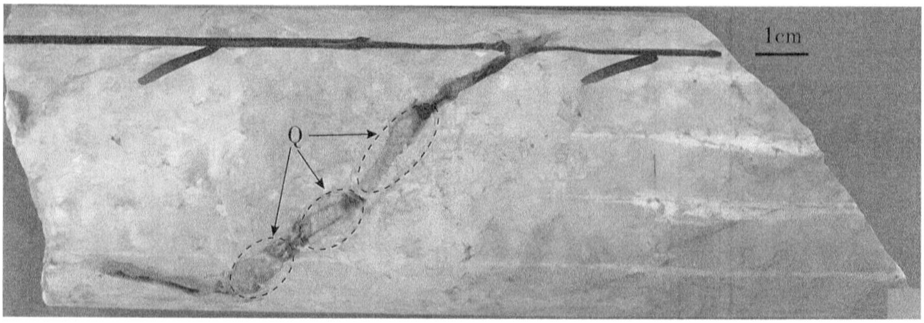

（a）A7 井，4685.12m，太古界，变质岩，石英部分充填裂缝，未充填部分被沥青占据

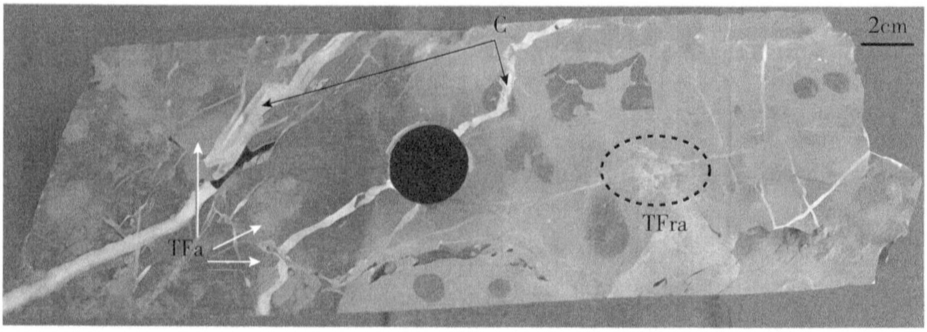

（b）B2 井，3026.3m，奥陶系，白云岩，灰色白云岩中相互切割的裂缝充填方解石，未充填部分被原油侵位

图 2-4 渤海湾盆地渤中凹陷深层储集层岩心尺度裂缝及其岩相学组合

TFa—热褪色；TFra—热碎裂；C—方解石；Q—石英

矿物岩相学组合特征能够充分示踪深部流体活动（Stoffregen，1987；Jin 等，2006）。在 300 余张薄片镜下观察发现，裂缝充填矿物有如下 2 种组合方式，组合一：黄铁矿［图 2-5（a），图 2-5（b）和图 2-5（e）］+ 橘黄色环带状的方解石［图 2-5（c）和图 2-5（d）］+ 淡绿色阴极光的磷灰石［图 2-5（c）］，方解石和黄铁矿以脉状定向充填［图 2-5（d）和图 2-5（e）］，串珠状磷灰石伴随黄铁矿出现。组合二：碎块的石英［图 2-5（f）］+ 铁白云石［图 2-5（f）］+ 黄铁矿［图 2-5（g）］，碎块石英和铁白云石的长轴方向与裂缝的延伸方向一致，以碎裂形式（磨圆度低）定向充填［图 2-5（f）］，马鞍形白云石与黄铁矿在缝 – 孔体系中以团块状出现［图 2-5（g）］。在储集层孔隙中见钾长石粒

内溶蚀孔发育有自生钠长石［图2-5（h）］，铁白云石晶间孔充填有石英、丝片状伊利石和绒球状黄铁矿［图2-5（i）］。上述岩石矿物组合特征说明深部流体在以断裂－裂缝体系为优势通道呈中心式和裂隙式快速充注活动，较高温的深部流体致使裂缝面附近发生了热碎裂现象［图2-4（b）和图2-5（d）］和热褪色现象［图2-4（b）］，碎裂石英和铁白云石随深部流体沿着断裂系统发生运移充注活动。随着深部流体活动的逐渐减弱，温压降低，流体速度变慢，进一步在围岩孔－缝体系中沉淀出晶形较好的马鞍状白云石和钠长石［图2-5（i）和图2-5（h）］。

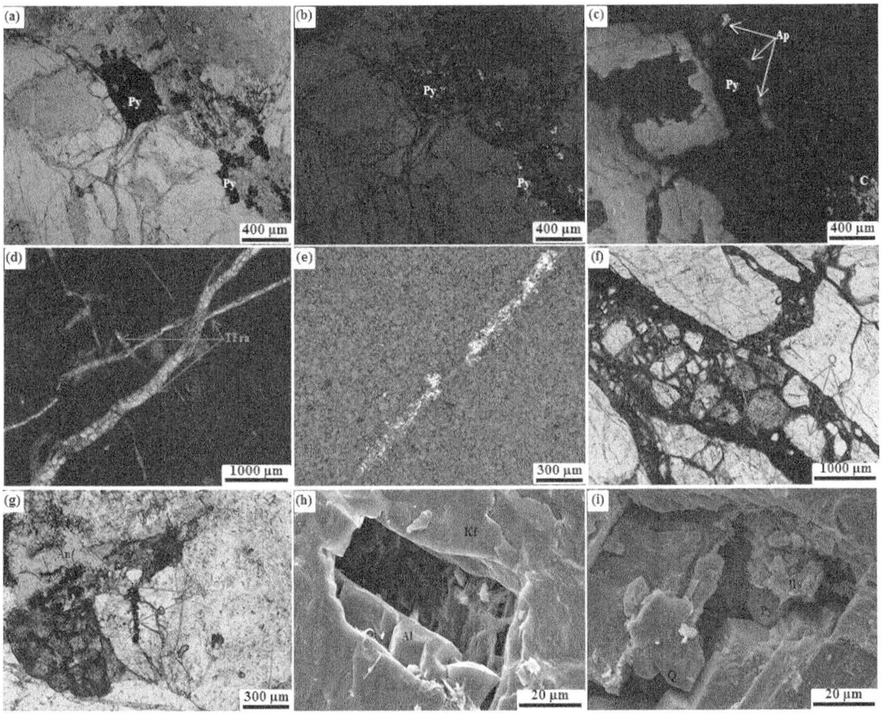

图2-5　渤海湾盆地渤中凹陷深层储层岩相学组合

（a）透射光；（b）反射光；（c）阴极发光：A10井，4429.8m，太古界，岩相学组合磷灰石＋方解石＋黄铁矿充填在裂缝中；（d）透射光：B1井，4361.6m，奥陶系，方解石裂缝周缘见热碎裂现象；（e）反射光：B1井，3188.5m，寒武系，脉状黄铁矿充填在裂缝中；（f）透射光：C1井，2738.4m，太古界，岩相学组合铁白云石＋碎块石英充填在裂缝中；（g）透射光：A4井，4421m，太古界，岩相学组合铁白云石＋黄铁矿充填在孔－缝体系中；（h）扫描电镜：A4井，4610m，太古界，钾长石溶解孔中见自生钠长石；（i）扫描电镜：A3井，3815.1m，孔店组，自生石英、丝片状伊利石和绒球状黄铁矿填充在铁白云石中

二、主、微量元素分析

深部流体活动的直接表现方式是火山岩喷发岩浆活动，应用主量元素、微量元素、同位素和地幔捕虏体中流体组成判识火山岩形成环境、深部流体性质等是学术界的主流方法（张铭杰等，2009；Columbu，2018）。微量元素地球化学被用来重塑碳酸盐岩胶结物形成过程中的流体环境（Zwicker 等，2018）。稀土元素（REE）是一组具类似地球化学性质的元素，能够较好反映深部流体成分变化（郑旭等，2019）和示踪流体地球化学过程（Himmler 等，2013）。

渤中凹陷中生界喷发岩样品的 SiO_2 含量为 56.76%～69.85%，样品具有较高的 Al_2O_3（12.38%～19.65%），中等的 TiO_2（0.28%～1.23%），相对低的 CaO（0.51%～3.88%）、TFe_2O_3（2.39%～5.79%），范围较广的 MgO（0.45%～3.29%）。样品的全碱含量（K_2O+Na_2O 为 4.70%～8.98%）较高，在火山岩硅碱分类图版上样品落在粗面安山岩和粗面英安岩区域内［图 2-6（a）］。其中，Na_2O 含量为 4.04%～5.69%，K_2O 含量为 1.72%～5.31%，基本上属于高钾钙碱性系列［图 2-6（b）］。CIPW 计算结果表明所有样品均不同程度地含有橄榄石或石英标准矿物，为一套 SiO_2 饱和－过饱和的火山岩。

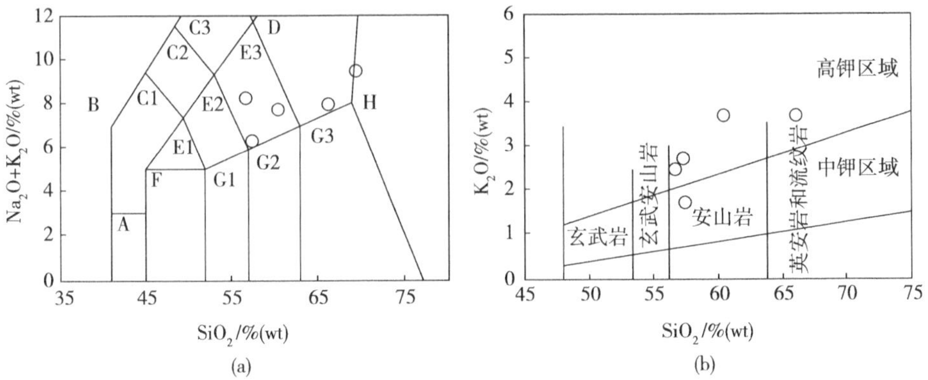

图 2-6 渤中凹陷中生界火山岩（Na_2O+K_2O）vs SiO_2（a）和 K_2O vs SiO_2（b）的对比

（岩石类型边界，据 Le Maitre 等，1989）

A：玄武岩；B：辉岩；C1：碱玄岩（玄武安山岩＜10%）和玄武岩（玄武安山岩＞10%）；C2：响质碱玄岩；C3：碱玄质响岩；D：粗面英安岩；E1：粗面安山岩；E2：玄武粗面安山岩；E3：粗面安山岩；F：玄武岩；G1：玄武安山岩；G2：安山岩；G3：英安岩；H：流纹岩

火山岩样品富集 Cs（$0.58\times10^{-6}\sim1.54\times10^{-6}$）、Ba（$768\times10^{-6}\sim2540\times10^{-6}$）等大离子亲石元素（LILE）有较高的稀土元素含量（$\sum REE=115\times10^{-6}\sim235\times10^{-6}$），并相对富集轻稀土。这些火山岩无明显的铕异常（δEu=0.18~0.21）和铈异常（δCe=0.23~0.25）[图 2-7（a）]。相对较高的高场强元素（HFSE），其 Nb/Ta（16~21）和 Zr/Hf（34~42）比值与原始地幔值近似一致（Nb/Ta=17，Zr/Hf=36，Sun 和 McDonough，1989）。样品的 Nb 含量（$5.4\times10^{-6}\sim14.5\times10^{-6}$）明显高于 N-MORB（$2.3\times10^{-6}$），接近 E-MORB（$8.3\times10^{-6}$，Sun 和 McDonough，1989），显示出明显的 Nb、Ta 负异常[图 2-7（b）]，La/Nb 比值为 2.8~6.4。中生界火山岩样品在不相容元素原始地幔标准化图上表现出大离子亲石元素和轻稀土相对富集，高场强元素和重稀土相对亏损的特征[图 2-7（b）]。上述主、微量元素数据特征说明渤中凹陷在漫长的地质演化过程中可能存在幔源岩浆的侵入过程。

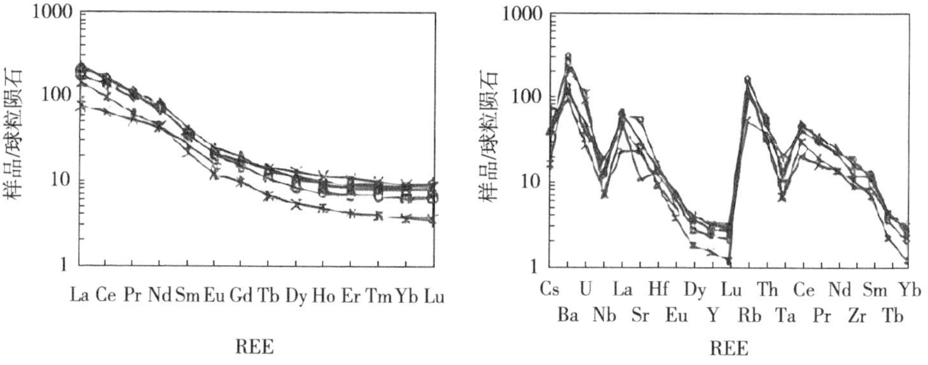

（a）原始地幔标准化微量元素蛛网图　　（b）球类陨石地幔标准化值

图 2-7　渤海湾盆地渤中凹陷中生界火山岩的球粒陨石标准化稀土元素分配方式
（据 Sun 和 McDonough,1989）

三、流体包裹体

流体包裹体反映了其宿主矿物成岩与流体发生充注耦合时期的古温度和古流体成分等地化信息（Zhao 等，2020），在均一温度大于其所在地层达到的最高温度的情况下反映有深部流体活动的痕迹（李弛等，2019）。在对裂缝内脉体胶结物、长石颗粒和石英颗粒内的流体包裹体（烃类包裹体和盐水包裹体）（图 2-8）均一温度测试中，均不同程度地出现了高于正常地温梯度所能达到的地层温度值，如图 2-9 所示。根据渤中凹陷现今实测地温梯度和典型构造区块内单井埋藏热演化模拟结果［中国海油（天津）渤海石油研究院内部资料］，A 井区以南、B 井区、A 井区以北和 C 井区构造区块内超出实际埋深条件下地层所能达到最高温度值分别占样品总数的 66.81%、24.53%、71.23% 和 37.90%，如图 2-9 所示。这些次生流体包裹体的均一温度高于其实际地温梯度及埋深条件下地层所能达到的温度的数值不能完全代表各构造区块内发生异常热事件的不同程度，但其相对值证实了渤中凹陷的不同构造区块内均不同程度上经历了深部流体的较高温活动。

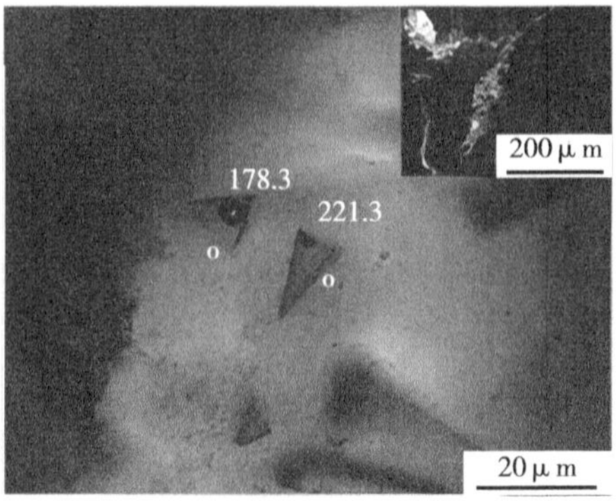

（a）石英碎裂脉体中单相油（o）包裹体

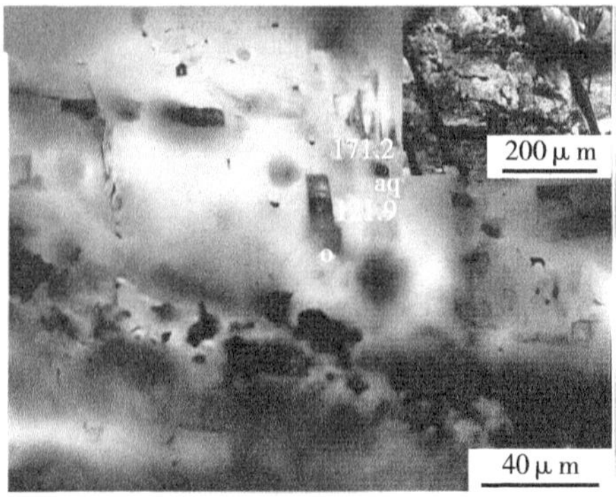

（b）方解石脉体共存的两相盐水（aq）包裹体和单相油包裹体

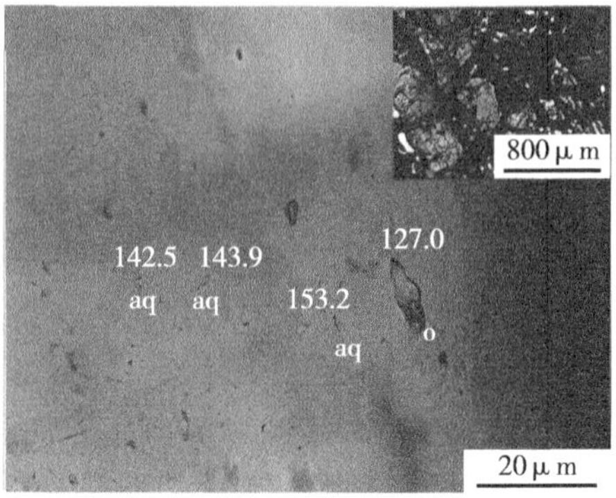

（c）长石颗粒中共存的两相盐水和单相油包裹体

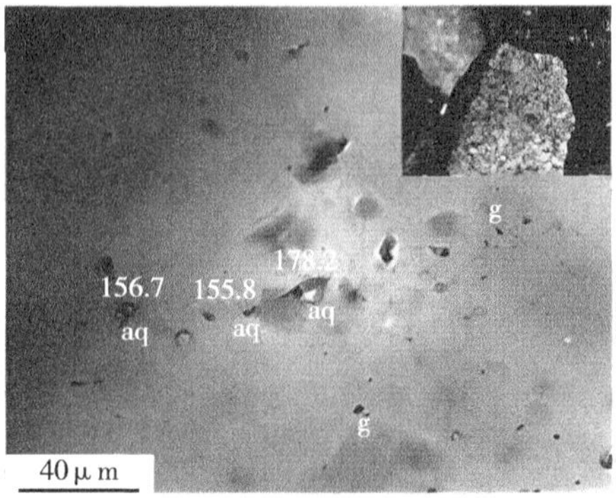

（d）石英颗粒中共存的两相盐水和气体（g）包裹体

图 2-8　渤海湾盆地渤中凹陷深层储层中流体包裹体岩相学特征与均一温度测试

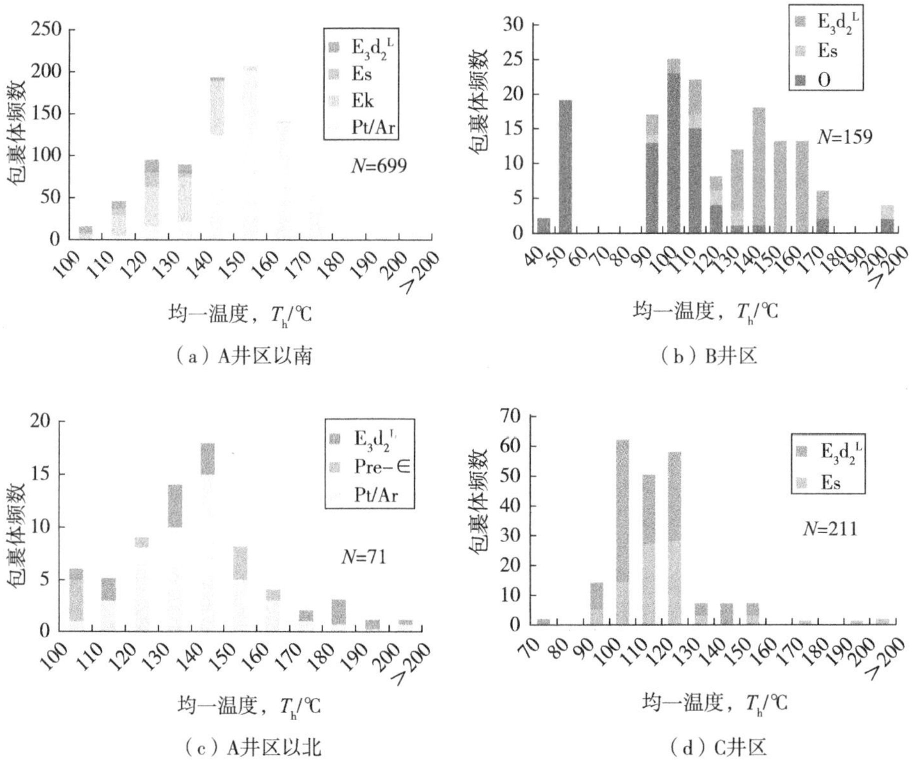

图 2-9　渤海湾盆地渤中凹陷西南部典型井区次生包裹体均一温度统计

Es：沙河街组；Ek：孔店组；Pre：前寒武系

四、C、O 同位素

通过对 A 井区、B 井区和 C 井区 49 块裂缝充填方解石样品及 46 块围岩样品 C、O 同位素组成进行分析（图 2-10），结果显示裂缝中方解石样品的 $\delta^{13}C$ 值在 −10.9‰~9.4‰，平均为 0.2‰；$\delta^{18}O$ 值在 −25.0‰~−7.6‰，平均为 −16.1‰；围岩 $\delta^{13}C$ 平均值为 0.5‰，$\delta^{18}O$ 平均值为 −12.1‰。可见，裂缝充填方解石同位素组成普遍低于围岩。根据氧同位素分馏原理（郑永飞和陈江峰，2000），在成岩或高温影响下，水中的 ^{18}O 会大量消耗，导致该背景下形成的岩石 ^{18}O 值偏负，与前人发表的 $\delta^{18}O$ 数据（金强等，2015）对比得出，渤中凹陷裂缝充填方解石应当属于岩浆热液矿脉形成的碳酸盐岩。图 2-10 显示充填裂缝内方解石胶结物 C、O 数据基本落在 C 井区与 D 井区之间，进一步说明裂缝充填方解石为中－高温热液所形成。即裂缝充填物的形成过程为，深部流体沿断裂－裂缝体系运移，历经深层储层，由于深部流体的温度、压力和流速等不断下降，达到方解石过饱和状态，方解石便在裂缝中沉淀下来，形成了脉状充填。

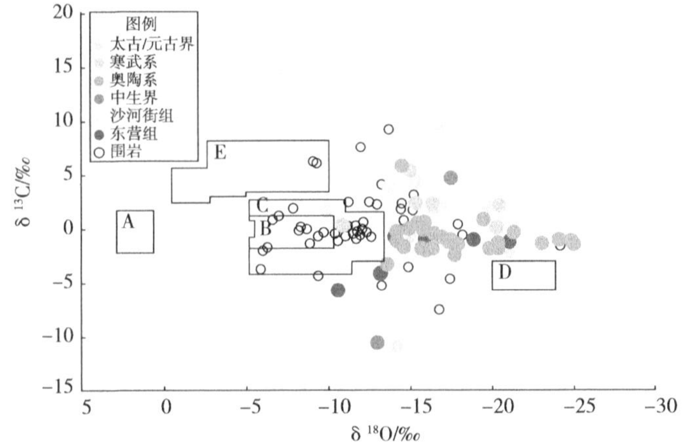

图 2-10 渤中凹陷裂缝充填方解石与围岩的 δ 13C– δ 18O 交会（图版据王大锐和张映红，2001）

A：淡水白云岩；B：海相沉积碳酸盐岩；C：低温热液白云岩；D：岩浆成因碳酸盐岩；

E：渤海湾地区陆相沉积碳酸盐岩

五、Sr 同位素

Sr 同位素测试结果显示［图 2-11（a）]，BZ29 区块（A 井区以南）内的脉体方解石矿物具有较高的 $^{87}Sr/^{86}Sr$ 值，最高可达 0.720779；BZ21 区块（B 井区）内的脉体方解石矿物具有最低 $^{87}Sr/^{86}Sr$ 值，最小为 0.709282。A 井区以南和曹妃甸 18（A 井区以北）构造区块内的脉体方解石矿物（$^{87}Sr/^{86}Sr$ 为 0.712408~0.720779）比围岩（$^{87}Sr/^{86}Sr$ 比值为 0.709525~0.716797）更富含放射性 ^{87}Sr，这表明深部流体与围岩物质交换程度较低。B 井区裂缝脉体（$^{87}Sr/^{86}Sr$ 为 0.709282~0.709844）与围岩 $^{87}Sr/^{86}Sr$ 比值（0.709190~0.710082）接近，显示 B 井区内的深部流体与围岩物质发生了较强的物质交换。来自壳源的 Sr 富含 Rb，$^{87}Sr/^{86}Sr$ 比值高，$^{87}Sr/^{86}Sr$ 全球平均值为 0.7119（Palmer 和 Edmond，1989），

幔源 Sr 主要由洋中脊深部热液系统供给，贫 Rb，$^{87}Sr/^{86}Sr$ 比值低，$^{87}Sr/^{86}Sr$ 全球平均值为 0.7035（Palmer，1985）。脉体碳酸盐岩胶结物由较高的 Sr 同位素比值的幔源深部流体活动充填，围岩样记录的 Sr 同位素发生了部分分馏［图 2–11（a）］，这表明围岩母岩碳酸盐岩受含高 $^{87}Sr/^{86}Sr$ 比值深部壳源物质的影响，全球奥陶系海水 Sr 同位素组成较为均一（均值为 0.709073，Denison 等，1994），而渤中凹陷奥陶系围岩 Sr 同位素有较大变化范围［图 2–11（a）］，由此说明围岩方解石中的 Sr 不仅来自奥陶系海水［图 2–11（b）］，可能还有寒武系或前寒武系幔源流体 Sr 的供给。

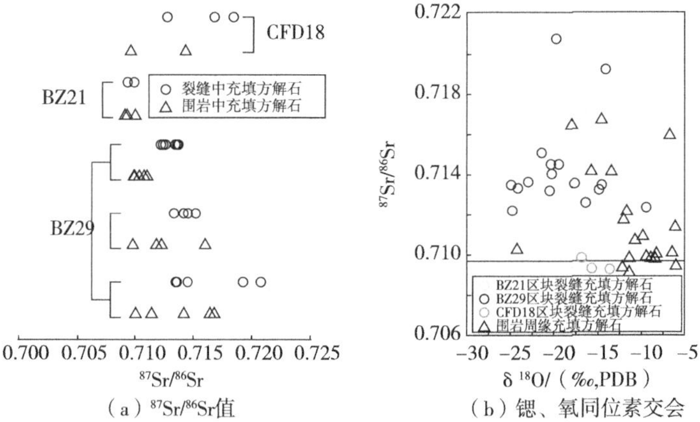

图 2–11　渤中凹陷典型构造区块的 $^{87}Sr/^{86}Sr$ 值（a）与锶、氧同位素交会（b）

（Bruckschen 等，1999）

浅灰色区为奥陶系海水 $^{87}Sr/^{86}Sr$ 值

六、CO_2 和 He 同位素

依据 $\delta^{13}CO_2$–CO_2 的统计关系能够区分 CO_2 的有机成因和无机成因（Dai 等，1996），但这种统计关系无法区分壳－幔中各种无机成因的 CO_2（Zhang 等，2008），与 CO_2 伴生的天然气中氦气同位素组成是判识壳－幔源流体的灵敏指标（Jenden 等，1988），幔源岩浆成因 CO_2 伴生氦的 $R/R_a>2$，壳幔混合成因 CO_2 伴生氦的 R/R_a 值为 1～2，壳源成因 CO_2 伴生氦的 $R/R_a<1$（何家雄等，2005；胡安平等，2009）。

渤海湾盆地莱州湾凹陷和辽东低凸起中的 CO_2 为有机成因［图 2-12(a)］，这是由于 CO_2 含量很低，95% 的样品中 CO_2 含量小于 1%，平均为 0.44%，$\delta^{13}C_{CO_2}$<-10‰（李军等，2012）。除了辽东湾地区的渤中凹陷 CO_2 含量在 0～89.1%，多数大于 15%，$\delta^{13}C_{CO_2}$ 介于 -33.96‰～-1.70‰，除了渤中 29-4 油气田的 2 份气样，其余气样 $\delta^{13}C_{CO_2}$>-8‰，主要为无机成因。渤海湾盆地富 CO_2 油气藏/田 CO_2 组成及其同位素特征显示气样氦同位素分别为 4.44 和 3.92，综合佐证了渤中凹陷 CO_2 成因多数为火山幔源无机成因［图 2-12（b）］。

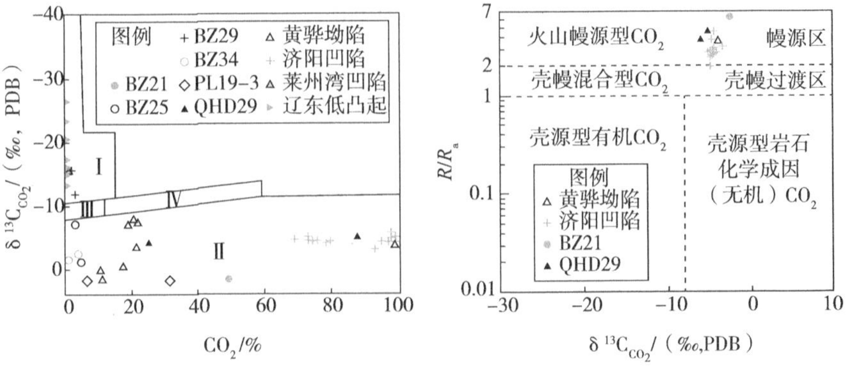

（a）　　　　（b）

图 2-12　渤海湾盆地近海海域 CO_2 vs $\delta^{13}C_{CO_2}$（a）与 $\delta^{13}C_{CO_2}$ vs R/R_a（b）关系

渤海湾盆地辽东低凸起 7 个数据点、莱州湾凹陷 1 个数据点、黄骅坳陷和济阳凹陷 21 个数据点来自李军等（2012）；（a）图中，Ⅰ：有机成因 CO_2 区，Ⅱ：无机成因 CO_2 区，Ⅲ：有机无机共存，Ⅳ：有机无机混合；（a）底图据 Dai 等（1996）；（b）底图据何家雄等（2005）

第四节
深部流体活动特征及模式

一、新生代动力学与岩浆底辟作用

有关渤海湾盆地新生代动力学机制已有诸多学者进行了讨论，目前达成的共识是缘于太平洋板块向欧亚板块俯冲，导致地幔隆升，地壳变薄，叠加走滑作用形成了新生代裂谷盆地（吴兴宁和周建勋，2000）。部分学者（Qi 和 Yang，2010）进一步研究认为，渤海湾新生代盆地受到两种动力机制影响，第一种动力来自岩石圈底部，由地幔热底辟引起的地壳引张作用，导致地壳发生伸展构造变形，控制了深部热流体的活动。第二种动力是板块边界相互作用传递至板内的侧向作用力，引起盆地内部沿深大断裂发育走滑构造变形，如图 2-13 所示。

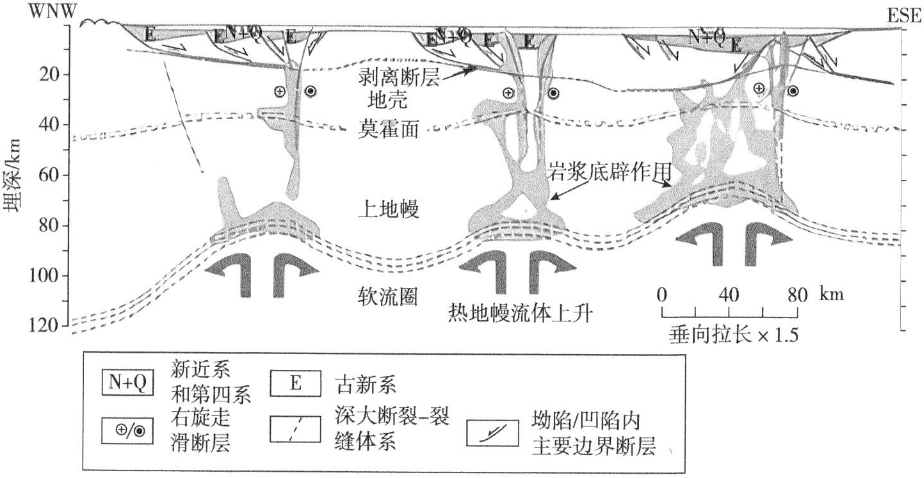

（a）新生代动力学剖面示意图（剖面位置见图2-1中的AA'）

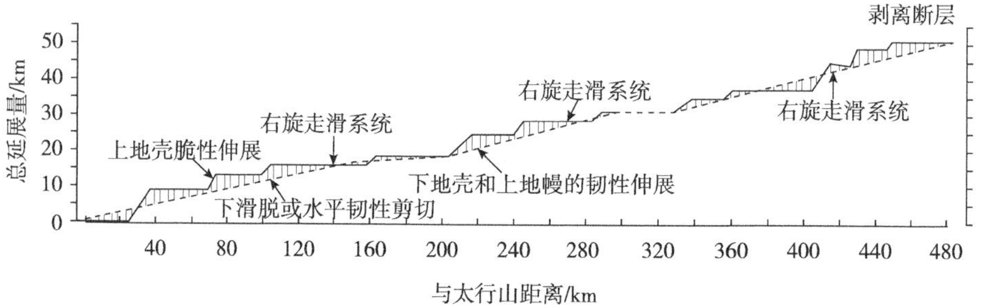

（b）上地壳脆性伸展与下地壳和上地幔韧性伸展的关系

图 2-13　盆地新生代动力学和地幔热隆升时岩浆底辟作用模式（Qi 和 Yang，2010）

渤中凹陷位于郯庐走滑断裂、张家口 - 蓬莱断裂与秦皇岛 - 旅顺断裂的交会位置，是整个渤海湾盆地发展演化的末端。厚度显示渤中凹陷地壳与地幔之间的莫霍面埋深最小仅约 25km（朱伟林和米立军，2010），是渤海湾盆地地壳厚度最薄的区域。同时，盆地在古近纪时期发育了大量的正断层，标志着渤中凹陷广泛存在着引张作用，引张作用的动力学机制可能来自岩石圈的热作用，也可能是板块蠕散所致（Qi 和 Yang，2010）。这两种动力学机制较好地解释了如下现象，即在古近纪裂陷阶段，岩石圈底部发生了强烈的热膨胀，壳幔物质在底辟作用下向上喷涌，如图 2–13 所示。特殊的动力学机制和深部地层结构导致渤中凹陷存在较高的大地热流背景，凹陷区大地热流均值为 60~65mW/m^2，凹陷周围低凸起区大地热流值往往超过 70mW/m^2（朱伟林和米立军，2010）。

二、深大断裂的多期次发育及演化

深大断裂 – 裂缝体系成为沟通深部流体的重要通道（Hooper，1991），其形成时间和运动学机制成为探讨深部流体活动的核心内容。如图 2–14 所示，前印支期，华北地台经历了加里东和海西运动（吴智平等，2007），地层以垂直沉降方式形成了宽缓的褶皱，如图 2–14（a）所示。印支构造 – 燕山早期，华北板块与扬子板块的近南北向挤压，形成了大量近东西向逆冲断裂，如图 2–14（b）和图 2–14（c）所示；随着南北向左旋压扭应力的增强，褶皱隆升后遭受了不同程度的剥蚀，基底裸露地表，角度不整合面得以形成，如图 2–14（c）所示。燕山中期，渤中凹陷由先前的压扭剪切应力场转为张扭剪切应力场（徐长贵等，2019），前期形成的近东西向断裂发生伸展反转，如图 2–14（d）所示，走滑断裂发生大规模左行走滑拉张。燕山晚期，凹陷转入近南北向弱挤压应力场（徐长贵等，2019），断裂发生反转，渤中凹陷进一步差异隆升，形成北高南低的构造格局，如图 2–14（e）所示。喜马拉雅期以来，渤中凹陷处于南北向引张和北东向右行剪切双重应力场中，深大断裂 – 裂缝体系发育，先存断裂发生伸展活化，如图 2–14（f）所示。深大断裂的多期次发育，尤以新构造运动以来断裂集中发育和再活化为深部流体向上活动提供了优势通道。

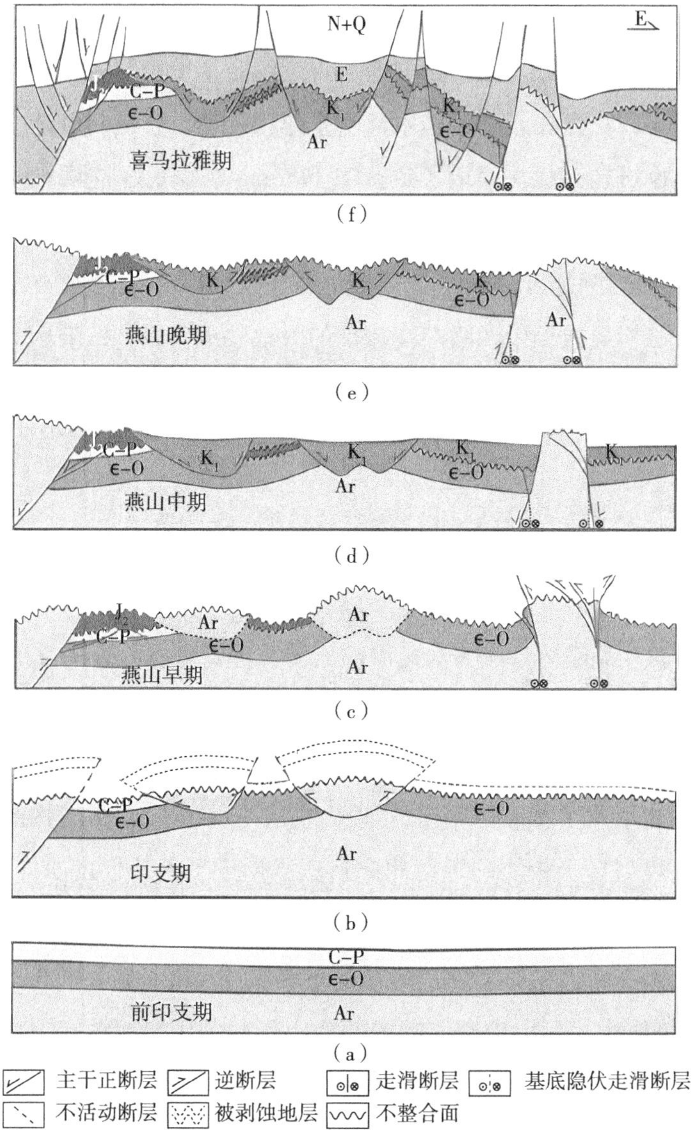

图 2–14　渤海湾盆地渤中凹陷 BB' 剖面构造演化剖面（修改自肖述光等，2019）

三、渤中凹陷深部流体的活动模式

渤中凹陷岩浆岩主喷发时间为东营组沉积时期，在渐新世晚期喷发强度最大，以夏威夷型火山喷发模式为主（郭涛等，2016）。同时，断裂带的走滑引起次级断裂 – 裂缝体系的发育以及岩浆作用和火山活动的发生（韩宗珠等，2008）。渐新世晚期活动的深部流体与喜马拉雅期深大断裂的集中发育和再活化耦合奠定了渤中凹陷深部流体活动的物质基础和通道背景，即渤中凹陷在岩石圈底部发生强烈的热膨胀后，壳幔物质在底辟作用下向上喷涌的动力学背景。岩相学组合为石英 + 铁白云石 + 黄铁矿 + 方解石的特征集中反映了深部流体活动，在断裂 – 裂缝周缘发生的热褪色和热碎裂现象一定程度上反映了中 – 低温的深部流体与围岩局部发生了能量交换。同时，大离子亲石元素（LILE）和轻稀土（LREE）相对富集、高场强元素（HFSE）和重稀土（HREE）相对亏损的火山岩特征反映了渤中凹陷经历的深部流体活动源于幔源物质的供给。流体包裹体均一温度反映的热异常事件，C、O 同位素表现出的岩浆热液，Sr 同位素比值和 CO_2 同位素与 He 同位素，综合反映出深部流体主要来自上地幔深部，略受壳源物质混染。综之，渤中凹陷深部流体主要来自上地幔深部物质，借助深大断裂 – 裂缝体系，自喜马拉雅期以来，通过中心式和裂隙式区域喷发活动涌出，如图 2–15 所示。

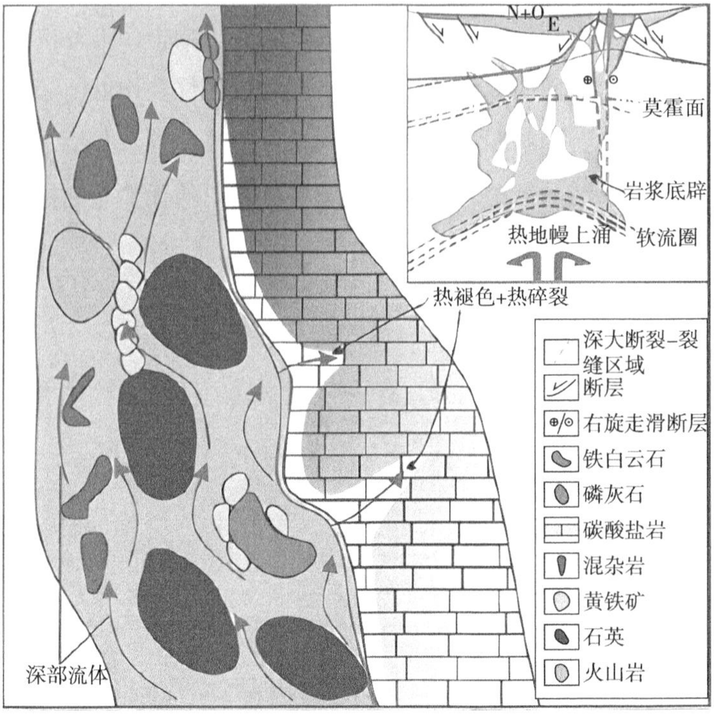

图 2–15　渤海湾盆地渤中凹陷西南部深部流体活动模式

第三章

深层天然气地球化学与成因

为全面认识渤中凹陷深层天然气，本章将对渤中凹陷深层天然气组成和碳同位素进行地球化学研究，结合深层储层温度背景和烃源岩古今温度演化、沥青特征和成藏背景，综合评估天然气成因。由于渤中凹陷各次洼主要潜在烃源岩埋深较大，目前尚未钻遇，烃源岩生烃特征仅利用低凸起钻井烃源岩样品进行细致研究。渤中凹陷深层天然气发育于典型的以Ⅱ型烃源岩为主的倾油型盆地中，总结的结论对具有相似类型背景下的天然气勘探具有一定的指导意义。

第一节 样品和方法

一、样品准备与收集

在渤中凹陷各低凸起主要含油气构造带中采集了 35 口井 62 份气样，涵盖了太古/元古界（n=15）、古生界（n=10）及古近系孔店组、沙河街组和东营组（n=28）。同时选取部分浅层（馆陶组和明化镇组）（n=9）天然气样品进行化学成分和碳同位素分析，以作参照对比，全面分析深层天然气地化特征和成因。此外，还分析了9个原油、2个壁心和16个泥岩岩屑样品的碳同位素，以探究与天然气的亲缘关系。以渤中19-6构造深层天然气藏作为重点研究对象，沿取心井A3、A7和A10井垂直钻取了6个岩心柱塞。天然气储层在历经高温后只有热解沥青存在于孔隙中（Li等，2015），因此岩心柱塞在制作荧光薄片时均没有被有机溶剂清洗。

二、试验和分析方法

使用FID和Hewlett-Packard（HP）6890 Ⅱ气相色谱仪（GC）测定了气体样品组成。采用HP7890A毛细管气相色谱仪（PLOT Al_2O_3，50mm×0.53mm）分离单个烃类气体组分（C_1–C_5）。GC烘箱初始温度设为30℃，待10分钟稳定后，以10℃/min的速率升温至180℃。

应用Hewlett-Packard 6890 Ⅱ气相色谱的Optima同位素比值质谱仪（MS）测试稳定碳同位素。将分离后的气体组分燃烧转化成CO_2，注入MS。GC烘箱初始温度设为33℃，在8℃/min的设置背景下从35℃增温至80℃，然后以5℃/min的速率升至260℃，并在烘箱中保持该温度10分钟。每份气体样品重复测试三次。结果报告按照Vienna Pee Dee Belemnite(VPDB）标准执行，并以δ表示稳定碳同位素值。分析精度为±0.5‰。

利用Vario元素分析仪和MAT253稳定同位素质谱仪联用，完成有机碳同位素测定。进行样品碳同位素测定前，先利用稳定碳同位素标准物质IAEA-600 Caffeine进行标定。其中，高纯氧气流量控制在175mL/min；载气He流量控制在110mL/min；燃烧管温度为960℃。选取原油及其分离后的物质（饱和烃、芳香烃、非烃和沥青质）和干酪根各约20μg，用锡杯包好后放入元素分析仪自动进样器，在高温通氧气条件下，样品在氧化炉内氧化有机质生成气态氧化物，经过元素分析仪色谱柱分离CO_2，由氦气流将有机物转化生

成的 CO_2 带入同位素质谱仪测量稳定碳同位素组成。原油、其族组成和干酪根样品均重复检测 2 次，重复测定偏差均控制在 ±0.4‰。

深层储层薄片在透射光下呈现黑色的主要有黑云母、沥青和黄铁矿。其中，黑云母少量且一般发生强烈白云母化，辨识度高。在反射光下，可快速判识沥青和黄铁矿，后者在反射光下呈金属光泽。使用 ZEISS Scope. A1 荧光－偏光显微镜在不同目镜倍数（2.5 倍、5 倍、10 倍、20 倍、50 倍）下进行观察。

第二节
实验结果

一、天然气化学成分和稳定碳同位素

天然气组分以烃类气体为主，平均含量大于 89.6%（图 3–1）。烃类气体中 CH_4 含量在渤中凹陷西南洼和北洼中分别介于 59.6%~89.0% 和 75.7%~94.5%。从层位上看，深层天然气 CH_4 含量要比浅层储层内普遍增高（图 3–1）。C_{2+} 含量较高，其值分别是 5.34%~22.57%（西南洼）和 3.00%~21.98%（北洼）。天然气干燥系数多小于 95%（图 3–2），明显表现为“湿气”特征。非烃气体中，深层天然气中近乎所有井均有不同程度 CO_2 的产出且其含量差异较大，CO_2 在凹陷西南部和北部的含量分别介于 1.26%~48.92% 和 0.24%~2.42%；H_2S 含量除了个别井（A1 井 H_2S 含量为 21.5mg/m^3）较多，其他井暂无发现。少数样品可能受取样和样品密封溢散等因素影响，天然气样品中含有一定量的 N_2。天然气中 $\delta^{13}C_1$ 主要分布在 –48‰~–36‰［图 3–2（a）］。深层天然气中 $\delta^{13}C_2$ 分布范围较小，主要集中在 –30‰~–26‰，大于 –25‰的主要分布在渤中凹陷西南部和北部深层潜山储集层中［图 3–2（b）］。

渤中凹陷深层天然气主要来自热成因泥岩（徐长贵等，2019；薛永安和

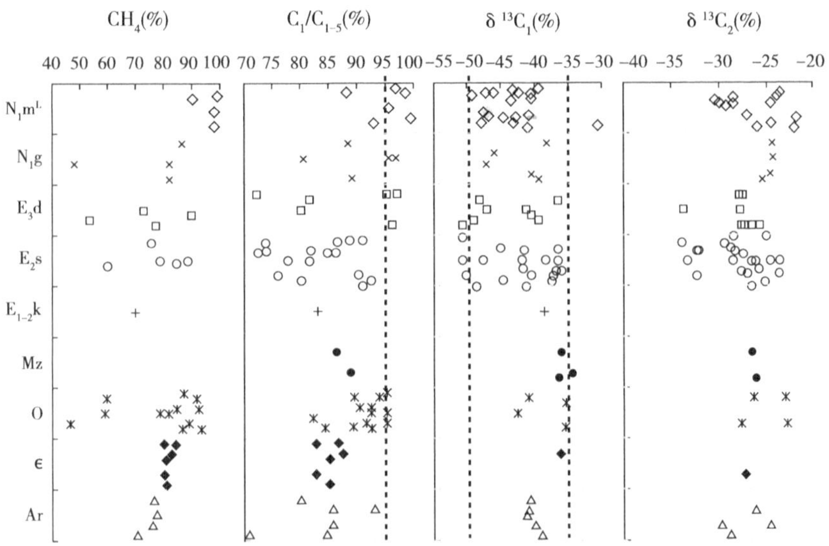

图 3-1　渤海湾盆地渤中凹陷典型构造区块内天然气物性随层位变化统计

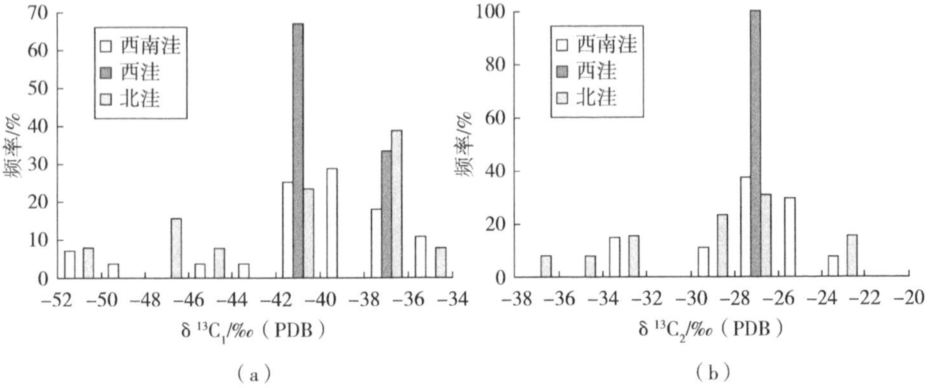

图 3-2　渤海湾盆地渤中凹陷各次洼典型构造区块内深层天然气同位素统计

王德英，2020）。图 3–3 显示天然气同位素出现逆转，深层天然气碳同位素主要呈近正态分布，碳同位素值随碳数的增加而增大的同时，C_3H_8 处的碳同位素有较为明显降低趋势，如图 3–3（a）所示，可近似反映出单一泥质烃源不同成熟度的贡献。烷烃气体碳数 C_n 与 $\delta^{13}C_1$ 关系交会可用来判识不同演化阶段气体间是否发生混合（Rooney 等，1995；Feng 等，2016）。图 3–3（b）显示，渤中凹陷深层天然气少部分呈线性碳同位素模式，多数样品显示（丙烷碳同位素相反）有热成熟度较高的甲烷气混入（Zhao 等，2014）。

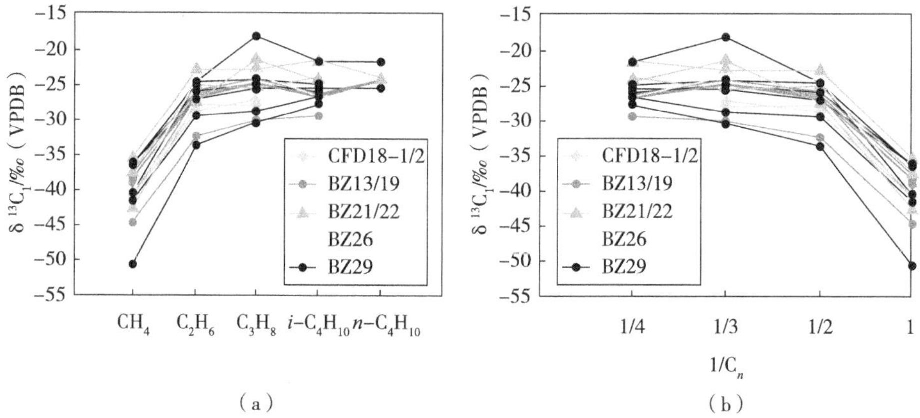

图 3–3　渤中凹陷典型气藏 CH_4 及其同系物与 $\delta^{13}C_1$（a）和碳数 $1/C_n$ 与 $\delta^{13}C_1$（b）的关系

二、原油和干酪根的地化特征

当多套优质烃源岩层同时存在时，确定油气热成熟度对于追踪油气源和判识运聚过程非常重要（Justwan 等，2006）。通过利用原油饱和烃生物标志化合物的相关参数，可对原油热成熟度进行系列评估（Peters 等，2005）。其中，$C_{27}18\alpha$-22，29，30 三降藿烷 /$C_{27}17\alpha$-22，29，30 三降藿烷（T_s/T_m）比值可以指示原油成熟度，且不受生物降解影响。T_s/T_m 与 $C_{29}20S/(20S+20R)$ 甾烷比值呈正相关关系，进一步表明 T_s/T_m 比值不受烃源岩沉积环境的影响，能够作为评价渤中凹陷深层原油热成熟度的有效参数，如图 3–4 所示。依据 T_s/T_m 与 $C_{29}20S/(20S+20R)$ 甾烷比值以及 $C_{29}20S/(20S+20R)$ 甾烷值与 R_o 的相关性，可以综合判识烃源岩与原油成熟度的耦合程度（Justwan 等，2006）。图 3–4（a）显示渤中凹陷 E_3d_3 烃源岩整体处于早期生油阶段，西洼中部分布有低成熟烃源岩，西南洼部分层段有成熟 – 高成熟烃源岩；E_2s_{1+2} 烃源岩层段整体进入早期生油阶段，北洼中见成熟 – 高成熟烃源岩分布，如图 3–4（b）所示；E_2s_3 烃源岩普遍发育有成熟 – 高成熟阶段烃源岩，其中，西南洼烃源岩样品分析见有高成熟烃源岩发育，与 E_2s_3 烃源岩主体特征保持一致。同时，E_2s_3 成熟度整体高于 E_2s_{1+2}，后者的成熟度高于 E_3d_3 烃源岩。

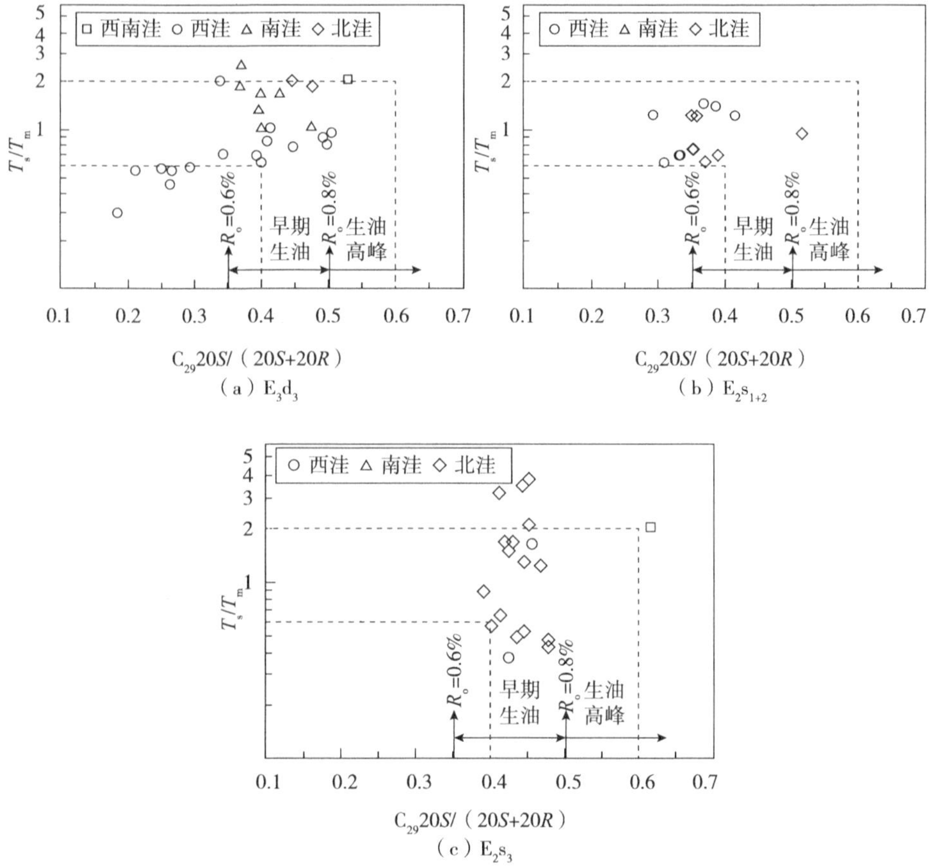

图 3-4　渤中凹陷主要烃源岩 C_{29} 甾烷 $20S/(20S+20R)$ 与 T_s/T_m 比值交会

C_{29} 甾烷 $\beta\beta/(\beta\beta+\alpha\alpha)$［$C_{29}\beta\beta/(\beta\beta+\alpha\alpha)$=5α–$C_{29}\beta\beta/(\beta\beta+\alpha\alpha)$］和 C_{29} 甾烷 $20S/(20S+20R)$ 均与有机质输入无关，是评价原油热成熟度的有效参数（Peters 等，2005）。图 3-5 显示渤中凹陷深层原油的 $C_{29}20S/(20S+20R)$ 比值为 0.45~0.58，5 份样品达到或超过平衡区间（0.52~0.55）。$C_{29}\beta\beta/(\beta\beta+\alpha\alpha)$ 甾烷比为 0.39~0.58，与生油窗成熟度较为一致，反映原油多来自 R_o 范围在 0.6%~0.8% 的烃源岩，属早期生油产物。多参数印证了烃源岩与原油成熟度较低，渤中凹陷西南洼 2 个高成熟异常点的出现可能是主洼和南洼高成熟烃源岩的贡献，也可能与深部流体活动有关，导致原油部分发生高成熟。由于深部流体的活动方式，后者可能致使局部原油发生高成熟。

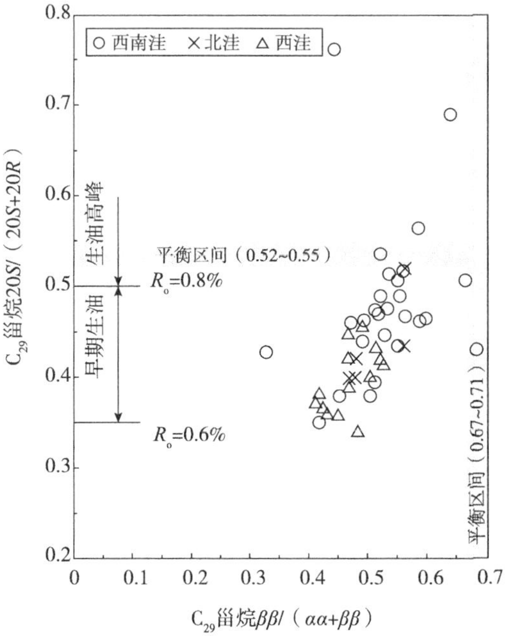

图 3-5 原油 C_{29} 甾烷 ββ/(αα+ββ) 与 C_{29}20S/(20S+20R) 甾烷比值（图版据 Hao 等，2009）

鉴于海上钻井油样获取困难，无法对关注重点渤中 19-6 构造深层原油进行碳同位素分析。然而，天然气性质整体为原油伴生气，因此将浅层原油样品进行分析从理论上是合理的。渤中 29 和曹妃甸 18-1/2 原油碳同位素值分别介于 –28.30‰～–27.10‰（均值 =–28.16‰）和 –29.60‰～–28.10‰（均值 =–28.75‰）。渤中 19-6 干酪根碳同位素值在 –26.60‰～–25.10‰（均值 =–25.93‰）。

三、沥青分布特征

在对 23 口深层取心井近 400m 岩心进行观察后，发现大量的黑色沥青充填在裂缝中［图 3-6（a）］。通过荧光薄片显微观察，进一步揭示了裂缝中存在不发光的焦沥青，发黄色和蓝色荧光的油质沥青赋存，如图 3-6（b）和图 3-6（c）所示。同时，在裂缝 – 孔隙型储层中，观察到发黄褐色荧光沥青包裹在矿物颗粒周缘，如图 3-6（d）和图 3-6（e）所示。由于深层储层储集空间以裂缝和裂缝－孔隙型为主（侯明才等，2019；王德英等，2019），深层各层位的裂缝平面展布非均质性强，导致沥青在天然气储层中的分布极不均匀。因此，无法准确定量预测沥青分布的纵横向边界。

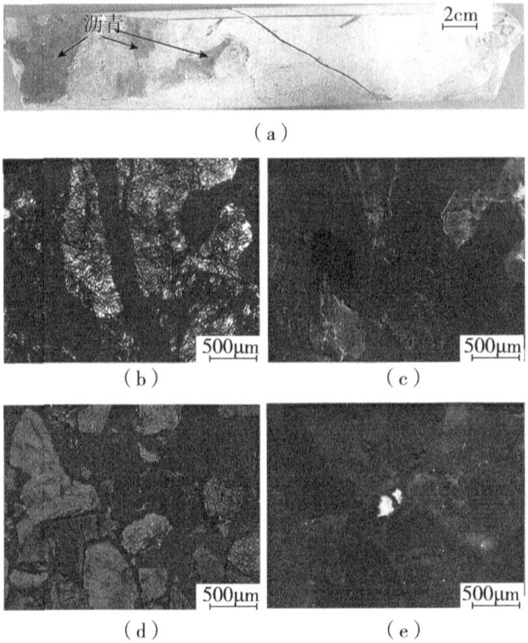

（a）　（b）　（c）　（d）　（e）

图 3-6　渤海湾盆地渤中凹陷 A 井区深层储层中沥青分布特征

（a）A7 井，4678.3m，Ar，变质岩，断裂、裂缝面处见沥青分布，岩心照片；（b）透射光、（c）荧光：A10 井，4435.5m，Ar，变质岩，裂缝中见黄绿色和蓝色荧光油质沥青；（d）透射光、（e）荧光：A3 井，4057.2m，Ar，颗粒周缘孔隙中见褐黄色荧光

第三节
深层天然气成因

一、伴生气和凝析油伴生气

在渤中凹陷的几个深层勘探区块中，A、B 和 D 井区天然气目前代表了

渤中凹陷深层天然气的全部类型，成因复杂。根据公开发表的文献，渤中凹陷深层天然气的成因依据少量天然气数据证实有干酪根热裂解气（薛永安和李慧勇，2018；李慧勇等，2019；胡安平等，2020）和干酪根热降解气（薛永安，2019）。数千亿立方米资源量天然气田的主力烃源岩为古近系中－深湖相泥岩，有机质丰度为 1.3%~5.1%，平均值为 3.0%，有机质类型主要为 II_2–II_1 型（Jiang 等，2019；薛永安和王德英，2020）。依据经典的生气动力学模型计算，生成的天然气量与勘探证实的资源量存在较大差距，富氢深部流体进入Ⅱ型低成熟度干酪根后能够促进其大量生成天然气，这是目前较为合理的解释（Jin 等，2004）。在此特殊的生烃和勘探背景下，渤中凹陷深层天然气中是否存在原油裂解气的贡献，成为研究者最为合理的怀疑。

天然气化学成分和碳同位素组成是研究天然气成因、类型和成熟度的重要指标（Galimov，2006；Cao 等，2012；戴金星等，1992，2011，2018）。具体有，$\delta^{13}C_1$ 与 $C_1/(C_2+C_3)$ 交会可用于区分煤成气、生物气和原油伴生气等（戴金星，1992；Gürgey 等，2005；Hao 等，2008；Furmann 等，2013；图 3–7）。Ln（C_1/C_2）与 $\delta^{13}C_1$–$\delta^{13}C_2$ 的组合关系可反映源岩的热成熟度和次生

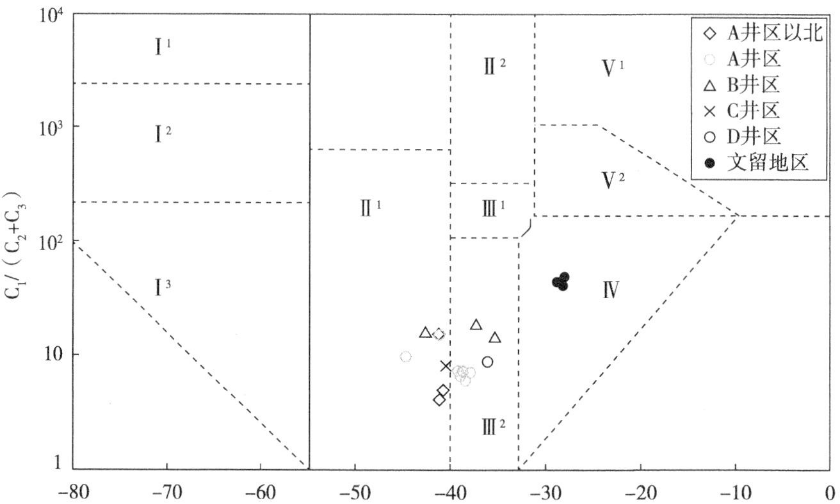

图 3–7　渤中凹陷深层天然气甲烷的 $\delta^{13}C_1$–$C_1/(C_2+C_3)$ 图（图版据戴金星，1992）

I^1：生物气；I^2：生物气和亚生物气；I^3：亚生物气；II^1：伴生气；II^2：油型裂解生气；III^1：油型裂解生气和煤型气；III^2：凝析油伴生气和煤型气；Ⅳ：煤型气；V^1：无机气；V^2：无机气和煤型气

变化（Prinzhofer 和 Huc，1995；Zhao 等，2014）。其中，$\delta^{13}C_1$–$C_1/(C_2+C_3)$ 交会显示，渤中凹陷深层天然气主要为伴生气和凝析油伴生气（图 3–7）。与渤海湾盆地东濮坳陷文留地区的典型煤层气相比，呈现出显著的地化特征差异。从目前掌握的数据来看，综合比较证实渤中凹陷深层天然气以热成因的原油伴生气为主。

二、运移分馏效应

渤中凹陷区域内的异常高温为泥岩干酪根发生部分热裂解提供了有利的地质背景。天然气 $\delta^{13}C_1$ 与 $C_1/(C_2+C_3)$ 是国际上综合应用天然气组分及其同位素鉴定天然气成因最常用的图版之一（Bernard 等，1978；Whiticar，1999）。该图版融合了有机质成熟度、成烃母质类型、运移分馏和氧化作用等影响天然气成因的综合因素。Bernard 和 Whiticar 的图版（图 3–8）显示，渤

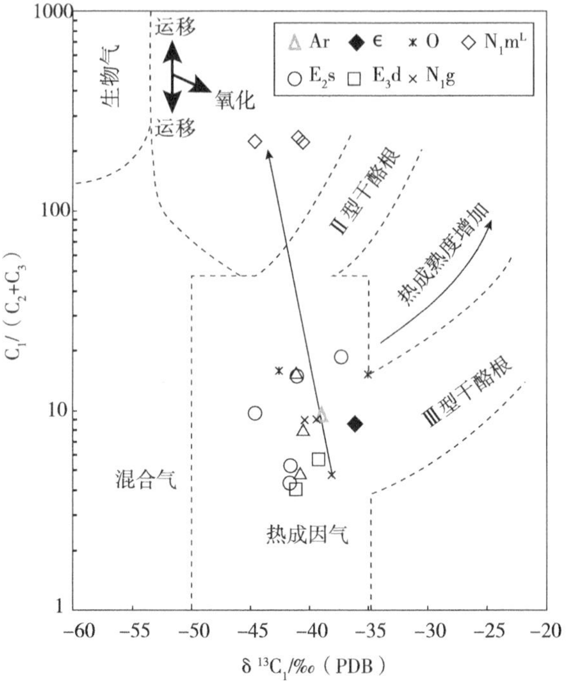

图 3–8　渤中凹陷深层天然气成因 $\delta^{13}C_1$ 和 $C_1/(C_2+C_3)$ 鉴别（图版据 Bernard 等，1978）

中凹陷深层天然气样品数据均落在“热成因气”区域，这表明渤中凹陷深层天然气有来自优质烃源岩热裂解的部分贡献。通过乙烷、丙烷组分与碳同位素鉴定干酪根裂解气以及原油裂解气鉴定图版，同样夯实了深层天然气成因为干酪根裂解气（李慧勇等，2019）。将渤中凹陷浅层天然气数据投影在图版中，呈现出较为明显的规律是渤中凹陷天然气从深埋烃源岩到距离其最近的深层储层再至浅层，纵向上几乎构成了直线关系，反映了渤中凹陷深层与浅层天然气二者之间存在明显的运移分馏关系。

原油 $\delta^{13}C$ 值的差异与原始生烃母质有关，是一种用于油源判识的直接指标（卢双舫等,2008）。在母源环境和其热演化程度近为一致时，油 – 油和油 – 岩间的稳定碳同位素有着较好的对比性。其中，对美国尤因塔盆地的卢贝尔油田的油 – 岩对比研究发现（Stahl 等，1977），当干酪根的 $\delta^{13}C$ 落在原油组分的 $\delta^{13}C$ 构成的趋势线上或附近（偏离值在 0.5‰以内）时，油 – 岩对比结果是可能具有亲缘关系。渤中凹陷 A 井区中 A1 井与其自身和 D 井区的 D5 井中生油岩的干酪根与原油和沥青的碳同位素比值范围差距较明显，表明 A 井区原油与本区源岩的亲缘关系较差，异地优质烃源岩生烃后运移至此成藏的可能性较大。C 井区 C3 井原油和沥青碳同位素组成范围差距较小，为本区域优质烃源岩的贡献可能性较大。原油碳同位素与 Pr/Ph 进一步显示（图 3–9），A 井区中 A10 井、A13 井和 A14 井原油来源相同，C 井区中 C4 井和 C5 井原

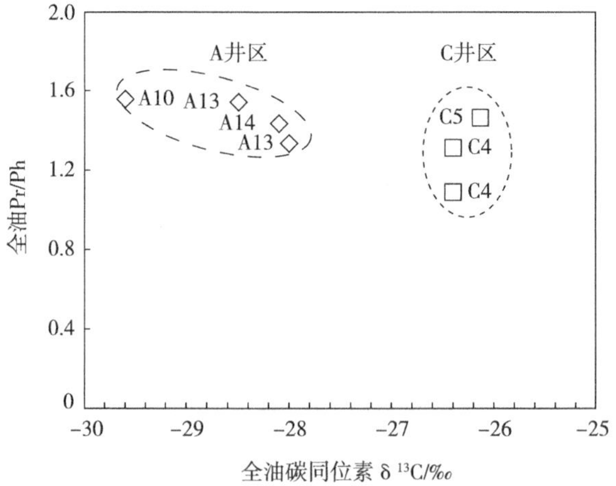

图 3–9　渤中凹陷不同井区原油碳同位素 – 类异戊二烯烷烃分布统计

油来源一致，同时也说明了渤中凹陷西南部 A 井区与北部 C 井区原油油源差异显著，为不同源岩生、排供烃的结果。

三、干酪根 / 原油裂解气

传统生烃模式认为 C_{15+} 烃类在 R_o=1.2% 时开始裂解，在 R_o>2% 时，C_{20+} 烃类仍然可以发生较强的裂解（Schoell，1980；Behar 等，1992，1995）。图 3-10（a）显示，在 3000m 以下深井段中，主力烃源岩中仍存在大量液态烃，C_{15+} 含量丰富，正构烷烃碳数可达 C_{25} 以上。深层烃源岩中存在大量的液态烃为规模裂解成气提供了重要的物质保证。渤中凹陷各深层油气田存在 R_o 值大于 1.2% 的潜在烃源岩，其分布深度在 4000m 以下，如图 3-10（b）所示。这意味着主力烃源岩可能位于各构造周缘的深层次洼地，这与达到一定深度，进入温度门限后发生干酪根裂解理论相耦合（Mango 和 Elrod，1999；田辉等，2006）。

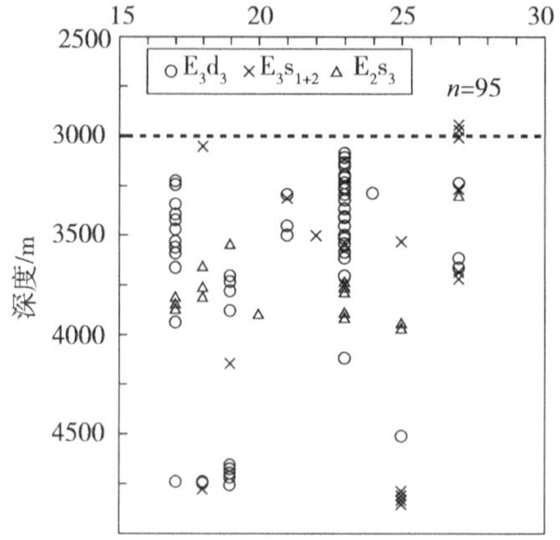

（a）主峰碳分布

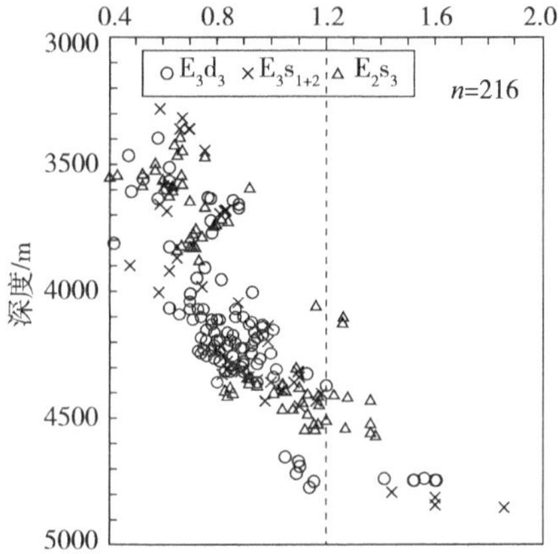

（b）镜质体反射率（R_o）/%

图 3-10 渤中凹陷古近系潜在烃源岩主峰碳分布、镜质体反射率和深度的关系

干酪根和原油裂解的本质是在一定温度下发生裂解并生成气态烃和残渣（主要是固体沥青）的过程（Mango 和 Elrod，1999；Cai 等，2002；Chen，2012）。挪威北海盆地原油裂解实验模拟发现原油裂解生气的温度门限在

160～190 ℃（Horsfield 等，1992）。针对不同沉积相来源的原油在封闭系统中进行原油裂解模拟，无论原油性质如何及升温速率的快慢，原油裂解成气的温度门限值不低于 160 ℃（Schenk 等，1997）。通过进一步研究发现，海相原油从 160 ℃开始大量裂解成气，主生气期晚于干酪根的裂解，但生气数量是干酪根的 2～4 倍（Zhao 等，2006）。同样，Tian 等（2008）认为升温速率在 2 ℃（6.56 °F）/a 时原油裂解温度的门限在 160℃。

图 3–11 显示 A 井区和 B 井区深层现今井底温度达到 160 ℃的温度阈值。在温度随时间演化曲线上，分别显示在 4.3Ma 和 4.0Ma 达到 160 ℃，并保持该温度及其以上至今。A 井区以北和 D 井区于现今（0Ma）达到 160 ℃，如图 3–12（a）所示。鉴于渤中凹陷深次洼埋深大和海上钻井少原因，利用 PetroMod® 软件对环 A 井区深层油气藏周缘的深次洼主洼、西南洼和南洼的深层储层和潜在主力烃源岩进行了温度随时间的模拟演化［图 3–12（b）］，发现主力烃源岩在 27Ma 左右时达到 160 ℃，持续约 3Ma 后发生冷却，E_2s_3 烃源岩最早在 17.8Ma、E_2s_{1+2} 在 12.2Ma 和 E_3d_3 在 8.7Ma 分别进入 160 ℃，并保持该温度及其以上至今。现今温度角度表征和古温度演化显示渤中凹陷深层具备原油裂解的温度条件。

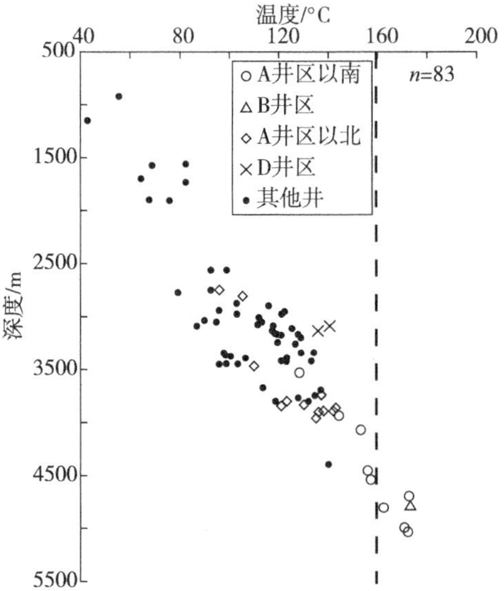

图 3–11　渤海湾盆地渤中凹陷不同井区深层井底温度与深度关系

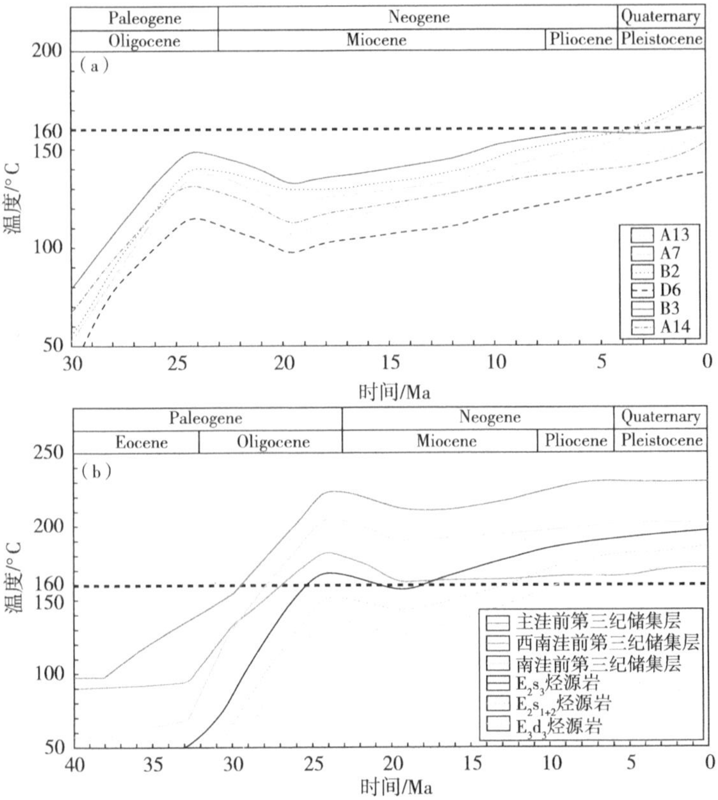

图 3-12　渤中凹陷典型井温度演化（a）与潜在烃源岩和前第三纪储层温度演化（b）曲线

与干酪根热降解气相比，原油裂解气的一个重要特征在于原油裂解过程中因歧化作用形成大量高演化的储层沥青（Huc 等，2000；Hao 等，2008；Li 等，2015），如图 3-12 所示。反之，储层沥青的形成机制还可能包括微生物降解（Connan，1984；Tian 等，2017）、高温热蚀变（Schenk 等，1997；Spangenberg 和 Macko，1998）和油气在运移过程中的脱沥青（Hwang 等，1998；Ping 等，2017）。

经过微生物降解和水洗产生的固体沥青仅发生在油水接触界面（Arab，1991；Li 等，2015），且微生物活跃范围温度一般低于 80 ℃（Larter 等，2003）。对沥青进行色谱－质谱分析［实验在中国石油大学（北京）油气资源与探测国家重点实验室完成］。沥青提取物中饱和烃的正构烷烃分布相对完整，证实渤中凹陷深层油藏未发生明显的微生物降解。A 井区深层天然气主要源于其周缘深次洼生、排烃运移至此，位于油气优势运移通道上，目前尚不能完全排除油气在二次运移过程中形成的沥青（Lomando，1992）。然而，A 井区深层储层温度在高于 160 ℃至今已持续约 4.3Ma，经历的较高温的深部流体为原油高温热蚀变后形成沥青提供了额外热源。因此，晚期天然气发生规模充注时，深层储层中可能发生有部分原油裂解，这一活动持续至今。

四、不同成熟度气充注与混合

瑞利分馏和氧化还原反应可导致天然气碳同位素发生部分逆转 (Burruss 和 Laughrey，2010)，尤其在 $\delta^{13}C_2$ 值比 $\delta^{13}C_3$ 更为富集时，这表明天然气的瑞利分馏发生在二次反转阶段（Wu 等，2015）。图 3–13 显示渤中凹陷深层天然气不仅发生了同源多期天然气混合，而且 A 井区和 B 井区天然气部分点在瑞利分馏曲线附近有分布，这表明在 250～300 ℃的温度下，有水和过渡金属的环境中发生瑞利分馏（Tilley 等，2011）。渤中凹陷深层油气藏具备瑞利分馏的条件，A 井区和 B 井区深层包裹体均一温度值显示有高于 200 ℃的流体包裹体。同时，深部流体活动能够携带有多种金属和非金属进入深层油气藏（刘全有等，2019）。

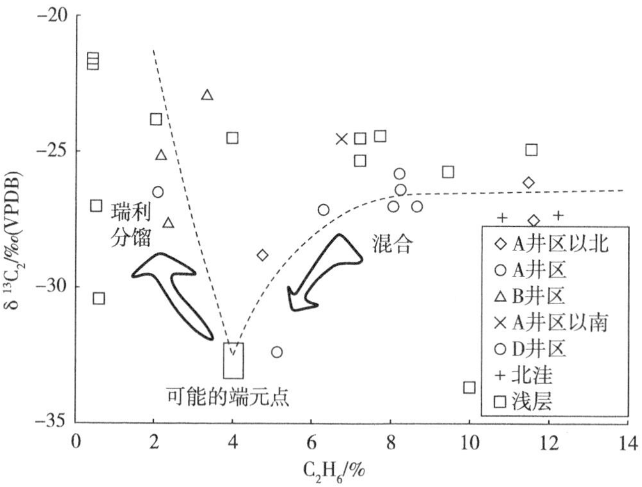

图 3–13 渤中凹陷天然气充注混合和瑞利分馏 $\delta^{13}C_2$ – C_2H_6 交会统计

当烃源岩过成熟时，晚期天然气充注和扩散也可导致同位素分馏（戴金星等，2016）。该过程与原油的“蒸发分馏”过程相似（Feng 等，2016）。晚期高成熟天然气的充注可直接导致碳同位素分馏和反转，这一过程最可能发生在 A 井区以北和 B 井区深层含天然气构造中，见图 3–14。就渤中凹陷已发现的深层气藏中，B 井区为纯气藏，紧邻主次洼和南洼，计算的 R_o 值高达 1.55%，必然有高成熟烃源岩的贡献。晚期天然气沿着断层等输导体系发生充注，将先前形成的油藏完全溶解形成纯气藏和 / 或部分溶解形成（带油环）的天然气藏。新构造运动诱发断层的进一步活动导致油气发生再运移和分馏。高成熟热演化的天然气充注导致大量饱和烃和少量芳香烃含量的降低或消失（Feng 等，2016；肖胜东，2019），进而渤中凹陷深层天然气可能发生了“蒸发分馏”，也基本具备晚期高成熟天然气充注和“蒸发分馏”的环境，油气运聚模拟显示 A 井区深层油气藏周缘的深次洼主洼、西南洼和南洼深部高成熟烃源岩能够提供足够多的高成熟天然气。规模断层等输导体系为深层油气发生规模充注运聚提供了有利的输导条件。

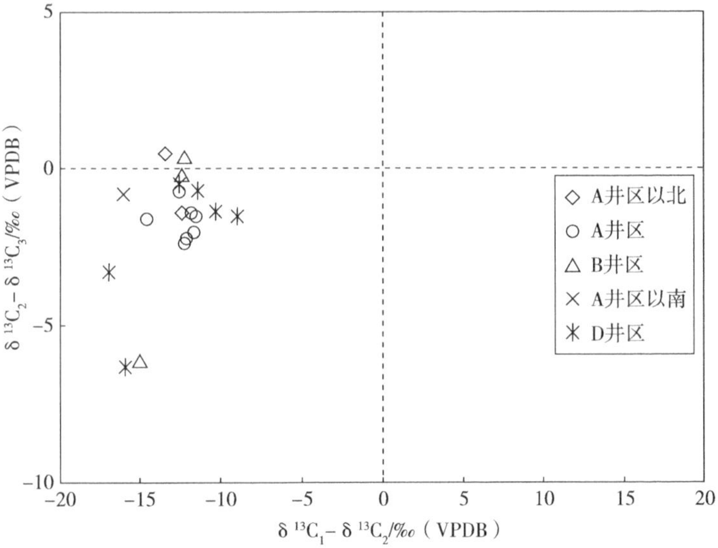

图 3–14　渤海湾盆地渤中凹陷天然气 δ $^{13}C_1$ – δ $^{13}C_2$ 与 δ $^{13}C_2$ – δ $^{13}C_3$ 交会统计

第四章

输导体系发育特征

输导体系展布影响了油气运移方向和距离远近，一定程度上限制了含油气系统内油气运聚规模和圈闭成藏的概率。利用数值模拟手段，结合沉积相，定量刻画输导体系发育特征，搭建高渗岩体、断层和不整合面地层框架。通过平衡剖面和断裂平面演化，在地化约束下分析断层形成机制。依据岩心描述和薄片观察，明确裂缝类型与发育期次，结合运动学机制、应力场模式和流体包裹体分析裂缝形成机制。

第一节 输导体系

一、高渗岩体

1. 地层格架搭建

依据中国海油（天津）渤海石油研究院提供的地层深度图，结合当前水深数据，由上至下整体构建了渤中凹陷地层格架，如图 4–1 所示。地层深度数据加载后，在 PetroMod® 软件中进行了纵向和横向的各套地层质量检查，无发现地层串层现象，搭建的地层格架与整个渤中凹陷地层格架背景一致。

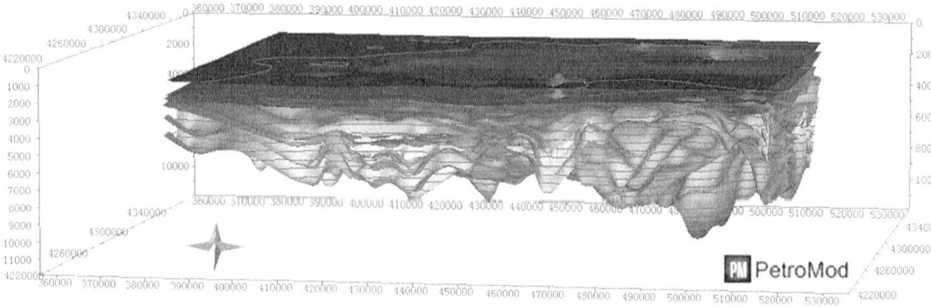

图 4–1　渤中凹陷主要地层格架深度图［据中国海油（天津）渤海石油研究院］

2. 岩相设置

基于搭建好的地层格架，对渤中凹陷每一套层进行岩相设置。利用中国海油（天津）渤海石油研究院提供的地层沉积相图，结合沉积发育背景和钻井揭示的砂地比值统计结果，依次将各套地层的沉积相图［图 4–2（a）］转化

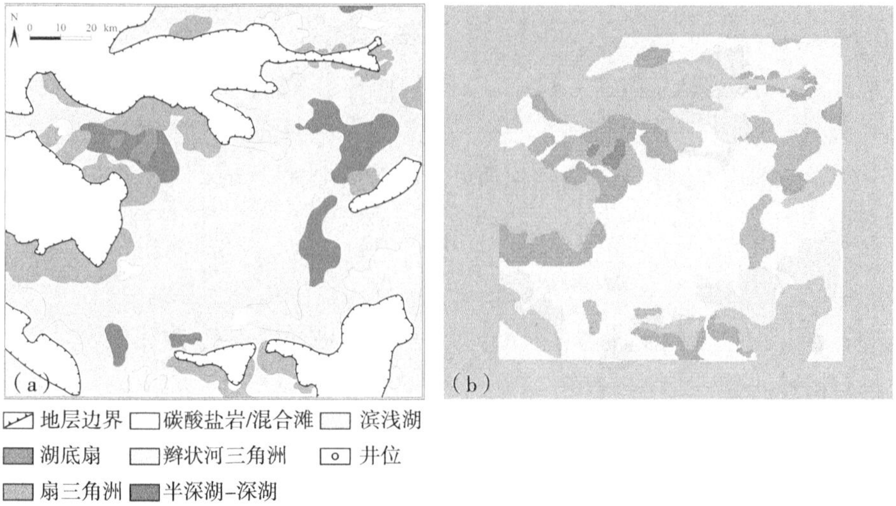

图 4–2　渤中凹陷 E_2s_{1+2} 沉积相（a）与盆模软件中的岩相图（b）［沉积相由中国海油（天津）渤海石油研究院提供］

成 PetroMod® 软件可识别的岩相图，如图 4–2（b）所示。对各个地层剥蚀或无沉积区域同样进行了岩性设置［图 4–2（b）中灰色区域］，确保其不参与整个模型中温度和压力计算。

3. 孔隙度的求取

孔隙度是搭建高渗岩体的基础参数，也是建立高渗岩体输导模型和恢复古压力的核心参数（王震亮，2003）。将实测孔隙度与采用声波地层因素公式和一系列密度测井等方法计算出的孔隙度进行拟合对比，优选出符合渤中凹陷实际的孔隙度计算方法。

（1）声波地层因素公式

弹性波只在速度较快的一部分介质（岩石骨架）中传播，其传播路径受后者相对体积的影响，从而表现为不同程度的弯曲（王震亮，1993）。声波传播时差与孔隙度的关系方程形式应为（Issler，1992；Michael 等，2014）：

$$\frac{\Delta t}{\Delta t_{\mathrm{ma}}}=\frac{1}{(1-\varphi)^{x}} \tag{4-1}$$

或：

$$\varphi=1-\left(\frac{\Delta t_{\mathrm{ma}}}{\Delta t}\right)^{\frac{1}{x}} \tag{4-2}$$

式中，$\frac{\Delta t_{\mathrm{ma}}}{\Delta t}$为声波地层因素（$AFF$）；$x$ 为岩性骨架指数，砂岩取值为 1.6。

（2）依据声波测井计算含水泥质砂岩孔隙度公式

$$\Phi=\frac{\Delta t-\Delta t_{\mathrm{ma}}}{\Delta t_{\mathrm{f}}-\Delta t_{\mathrm{ma}}}-V_{\mathrm{sh}}\frac{\Delta t_{\mathrm{sh}}-\Delta t_{\mathrm{ma}}}{\Delta t_{\mathrm{f}}-\Delta t_{\mathrm{ma}}}=\Phi_{\mathrm{s}}-V_{\mathrm{sh}}\Phi_{\mathrm{sh}} \tag{4-3}$$

式中，Δt_{sh} 为泥岩声波时差值；Δt_{f} 为地层水声波时差；V_{sh} 为泥质含量；Δt 为砂岩声波时差。

泥质含量（V_{sh}）的确定主要根据 GR 法，具体计算公式为：

$$I_{\mathrm{sh}}=\frac{SH_{\log}-G_{\min}}{G_{\max}-G_{\min}},\quad V_{\mathrm{sh}}=\frac{2^{GCUR\times I_{\mathrm{sh}}}-1}{2^{GCUR}-1} \tag{4-4}$$

式中，SH_{log} 为目的层 GR 测井值；G_{min} 为解释层段 GR 最小测井值；G_{max} 为解释层段 GR 最大测井值；$GCUR$ 为经验系数 2；I_{sh} 为泥质相对值；V_{sh} 为泥质含量。

（3）依据密度测井计算含水泥质砂岩孔隙度公式

$$\Phi=\frac{\rho_{ma}-\rho_b}{\rho_{ma}-\rho_f}-V_{sh}\frac{\rho_{ma}-\rho_{sh}}{\rho_{ma}-\rho_f}=\Phi_D-V_{sh}\Phi_{sh} \tag{4-5}$$

式中，ρ_f 为 1.03g/cm^3；砂岩 ρ_{ma} 为 2.73g/cm^3；泥岩 ρ_{ma} 为 2.71g/cm^3。

（4）实测孔隙度计算公式

$$\varphi=1-\frac{\rho_b}{\rho_r} \tag{4-6}$$

式中，ρ_b 为岩石体积密度；ρ_r 为颗粒密度。

各种计算公式所得结果相关程度均较高，相对误差在 10% 以内达到 96.4% 以上，相对误差范围控制在 5% 以内，式（4–1）至式（4–6）分别可达 85.93%、82.23%、76.13% 和 95.7%，进一步说明由式 (4–6) 求取纯砂岩孔隙度可信度高。鉴于未收集到渤中凹陷泥岩孔隙度实测分析资料，结合砂岩计算结果和误差范围，选取式（4–6）求取泥岩孔隙度。

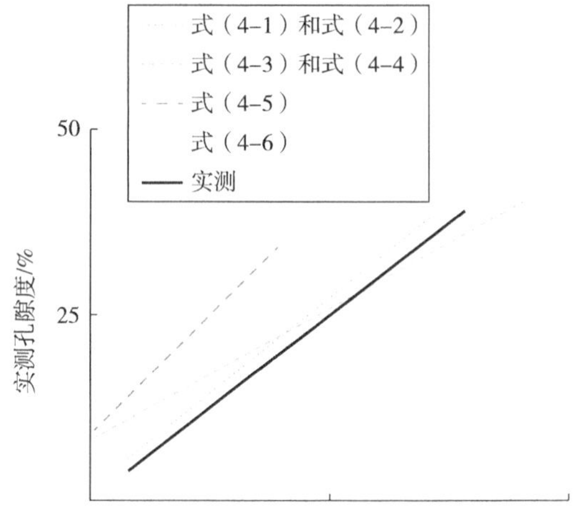

图 4–3　各种方法所得孔隙度结果与实测孔隙度对比

4. 渗透率的选取

渗透率的相对精确计算在油气工业领域也是一个比较棘手的问题，缘由是样品中含不同级别的裂缝，裂缝的发育程度决定渗透率测试结果的精准程度。为最大限度地减小这类误差，同时兼顾平面展布上渗透率孔渗物性分析的局限性，如果只考虑机械压实作用造成的孔隙度减少，二者可用一个简化的 Kozeny-Carman 公式来描述（Carman，1956）：

$$k=\lambda \cdot \varphi^n \qquad (4\text{–}7)$$

式中，λ 和 n 为常数，通常 n 取值 5（王震亮，1993），而 λ 随岩性变化，与岩石的渗透能力有关。泥岩 λ 通常取 10^{-3}，纯砂岩 λ 分别选取 10^2 和 10^3，其中 $\lambda=10^2$ 可信程度更高，如图 4–4 所示。

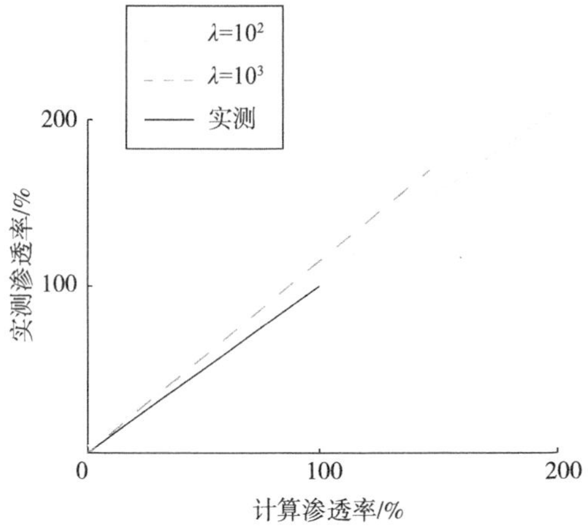

图 4–4　纯砂岩 λ 取值计算渗透率结果与实测渗透率对比

二、断层

1. 断层数据体搭建

断层数据体的搭建是基于中国海油（天津）渤海石油研究院提供的断层体数据，参考了各层位地震反射界面断裂纲要图，依次逐条地明确了各个断层的展布范围、方位、走向及断穿层位，进而搭建每条断层体的深度数据体，在宏观地质背景和地震反射界面断裂纲要图的约束下完成了渤中凹陷断层数据体 3D 图的构建，如图 4–5 所示。

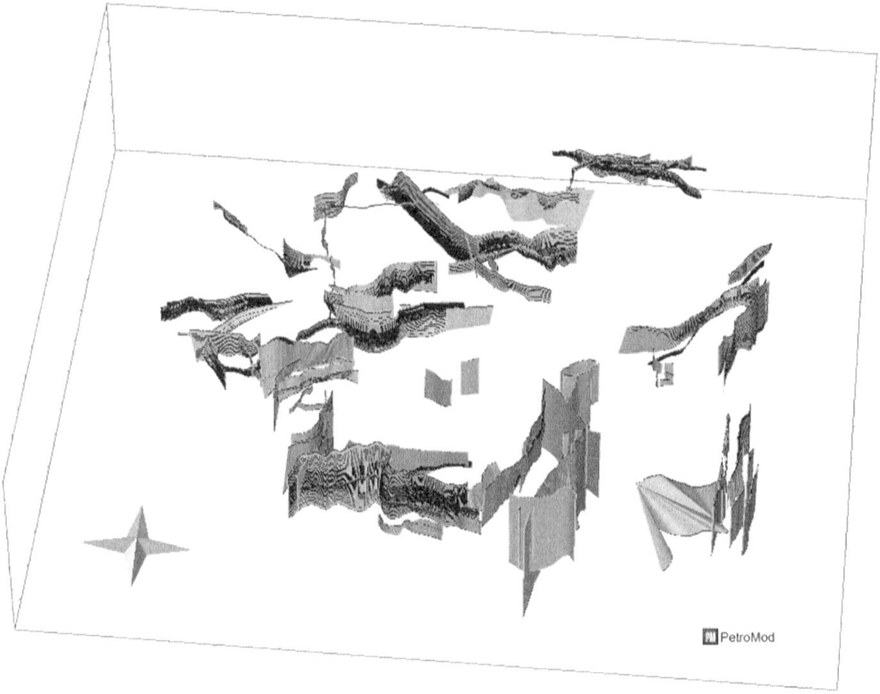

图 4–5　渤中凹陷断层数据体 3D 图［断层体数据由中国海油（天津）渤海石油研究院提供］

2. 断层启 / 闭性设置

各时期断层活动速率（中海油内部报告）研究显示，渤中凹陷主要断层体在各个时期均在活动，只是活动强弱有所不同。断层活动（启 / 闭性）与地震的孕育密不可分（朱传庆等，2008），地震活动可能会瞬时改变断层的启 / 闭性从而改变孔隙流体和输导体系（郑懿等，2018），天然地震震动时间多为几秒至几十秒（刘晓锋等，2019），地震后渗透率迅速增大，随后断层 – 裂缝体系维度减小，岩层内部连通性减弱，渗透率降低（郑懿等，2018）。利用概率阈值能够模拟观测到的各种地震行为，地震发生的时间间隔为 0.1Ma（Salditch 等，2020）。

结合渤中凹陷西南部深层原油最早发生充注时间分别是 9.5Ma、8.5Ma 和 6.5Ma，天然气开始规模充注时间是 5.3Ma 以来，综合分析认为在油气发生运聚时，断层处于“open”状态，持续时间仅为 0.1Ma，此期间断层的启 / 闭性视为封闭，定义为“closed”。

三、不整合面

图 4–6 显示渤中凹陷整个不整合面的宏观构造格架类型，梳理分析有褶皱、平行、断层 – 褶皱、削截 – 超覆、断层 – 超覆和多期削截等 6 种不整合面类型（杨德彬，2011）。其中，多期削截、褶皱和断层 – 褶皱不整合面为构造成因，断层 – 超覆和削截 – 超覆不整合面由构造和沉积双重因素引起，形成平行不整合面的主因为沉积（高徐辉，2019）。

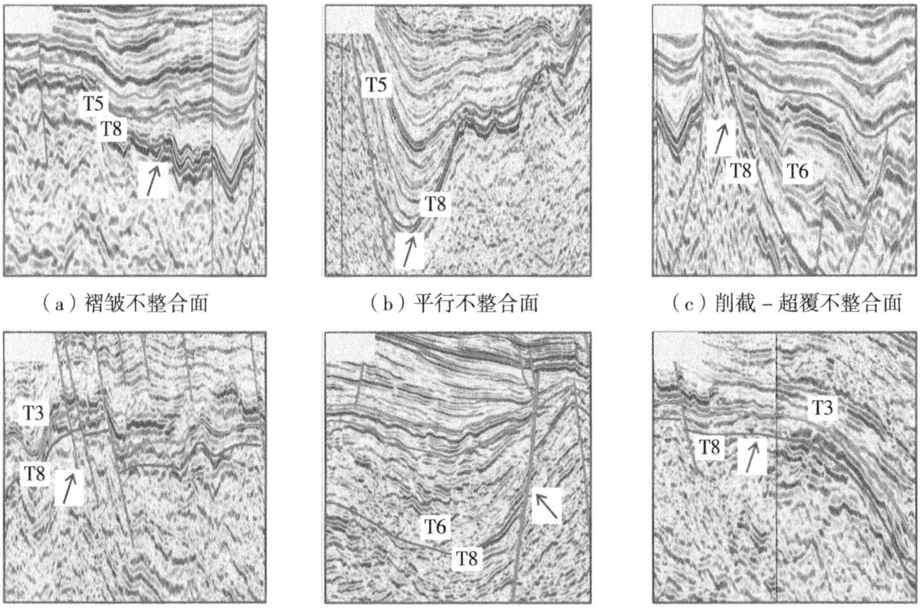

（a）褶皱不整合面　（b）平行不整合面　（c）削截 – 超覆不整合面

（d）断层 – 褶皱不整合面　（e）断层 – 超覆不整合面　（f）多期削截不整合面

图 4–6　渤中凹陷不整合面宏观格架类型（高徐辉，2019）

渤中凹陷不整合面整体宏观表现以削截 – 超覆不整合面为主，如图 4–7 所示，主要展布范围是在凹陷中心向周缘低凸起带过渡的斜坡带上，特征为超覆和削截，这一不整合面类型受构造和沉积的双重影响。次之表现的是断层－超覆不整合面，主体展布在渤中凹陷周缘低凸起边缘，如图 4–7 所示，各低凸起周缘的分界以大断裂为界，因此，该类型不整合面的成因主要为拉张和沉积作用。多期削截不整合面主体展布在低凸起的顶面，由于其特殊的地理位置，受到长期的剥蚀，尤其在太古界地层，古近纪末才接受上覆地层披覆，得以最终形成多期削截不整合面，如图 4–7 所示。平行不整合面大概率分布在凹陷底部，渤东低凸起西侧展布范围较广。A 井区主要见断层－褶皱不整合面，该类型不整合面是古新世断层在中生代末将其错断形成，分布范围较小，A 井区以北仅发育大量褶皱，较少有断层发育。

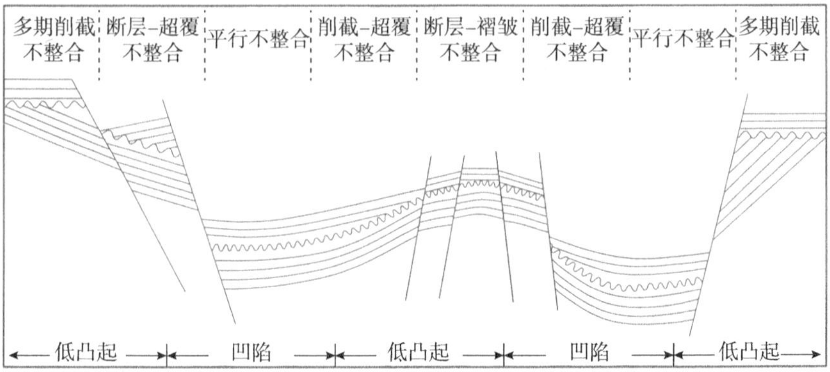

图 4–7　渤中凹陷不整合面宏观格架类型及其展布特征（高徐辉，2019，略改）

第二节
断裂演化与形成机制

一、断裂演化

就渤中凹陷整体断裂构造背景演化而言，时间上的分水岭为中生代。中生代以前渤中凹陷以垂直隆升－沉降方式发生构造运动，运动学机制较为简单，断裂发育程度欠佳。自中生代以来，渤中地区构造作用逐渐增多，伴随有多套“挤压－拉张－挤压”旋回出现。同时，多期次的幕式走滑作用使得空间上相互叠置的、多期、异向的断裂体系发育，形成了四通八达、纵横交错的断裂系统（图 2–14 和图 4–8）。图 2–14 和图 4–8 综合显示渤中凹陷深层潜山内幕中的断裂体系主要经历了燕山早期、燕山中期和喜马拉雅期 3 期构造运动演化。

（1）燕山早期（早－中侏罗世）：伊佐奈崎板块（古太平洋板块）向西俯冲，具特提斯洋构造体系域特征的华北板块转入滨太平洋构造体系域，渤中凹陷经历了较大规模的挤压作用（吴永平等，2002；周立宏等，2003），如图 2–14 所示。断裂体系表现为北东向延展的逆冲断裂，如图 2–14（c）和图 4–8（b）所示。沙垒田和埕北低凸起继承了印支期形成的成排展布的高角度逆冲断裂，渤中凹陷东南部发育规模较大的左行平移逆断层－郯庐西支走滑断裂。该时期走滑大断裂的强烈左行导致渤中 19–6 潜山构造带的大幅隆升，野外露头和年代学的证据进一步证实了郯庐断裂西南段在燕山运动早期发生了左行逆平移活动（朱光等，2016；肖述光等，2019）。

（2）燕山中期（晚侏罗－早白垩世）：伊佐奈崎板块向欧亚板块俯冲发生剧烈改变，向着正北和北北西方向行进（朱光等，2016），该运动机制诱发了渤中凹陷地幔底辟上涌，岩石圈发生明显减薄，局部存有较为强烈的火山喷发［图 2–14（d）］。板块间的汇聚碰撞机制还造就了北东－南西向的应力场，使得渤中凹陷形成了一组北北东和近南北向的正平移断裂［图 4–8（c）］。

（3）新构造运动（新生代以来）：太平洋板块的低角度俯冲和印度板块向北汇聚碰撞的综合影响，渤中凹陷位于南北向引张和北东向右行剪切双重应力场中，形成和发育了伸展断裂体系和走滑断裂体系（纪友亮等，2006；肖述光等，2019），如图 2–14（e）和图 2–14（f）所示。在南北向拉张动力学机制作用下，先存北西西和北东向断裂延伸活动，同时，在右旋剪切的应力场中，北西和北东向共轭走滑断裂得以最终形成，如图 4–8（d）所示。

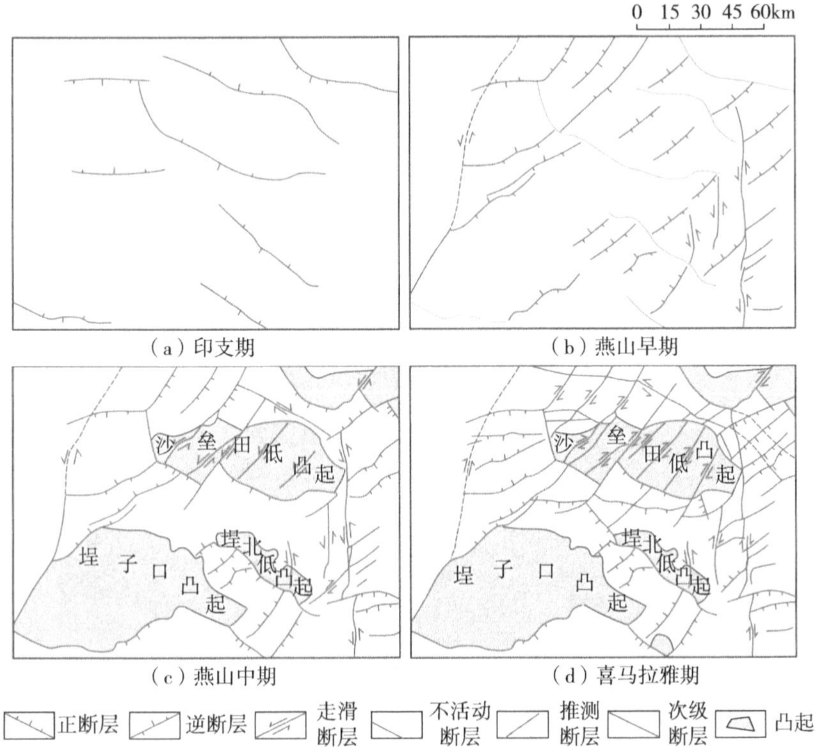

图 4–8　渤中凹陷西南部主干断裂体系演化分布（肖述光等，2019，略改）

二、形成机制

渤中凹陷西南角部典型构造剖面演化显示（图 4–9），前印支期，华北地台经历了加里东和海西运动（吴智平等，2007），地层以垂直沉降方式形成了宽缓的褶皱，如图 4–9（a）所示。印支 – 燕山早期，华北板块与扬子板块的近南北向挤压，形成了大量近东西向逆冲断裂，如图 4–9（b）和图 4–9（c）所示；随着南北向左旋压扭应力的增强，褶皱隆升后遭受不同程度的剥蚀，基底裸露地表，角度不整合面得以形成，如图 4–9（b）所示。燕山中期，渤中凹陷由先前的压扭剪切应力场转为张扭剪切应力场（徐长贵等，2019），前期形成的近东西向断裂发生伸展反转，如图 4–9（d）所示，走滑断裂发生大规模左行走滑拉张。燕山晚期，凹陷转入近南北向弱挤压应力场，断裂发生反转，渤中凹陷进一步差异隆升，形成北高南低的构造格局，如图 4–9（e）

所示；自新生代以来，渤中凹陷处于南北向引张和北东向右行剪切的双重应力场，深大断裂体系发育，先存断裂发生伸展活化，如图 4-9（f）所示。深大断裂体系的多期次发育，尤自新构造运动以来断裂－裂缝网络集中发育和再活化为深部流体向上运移提供了优势通道。

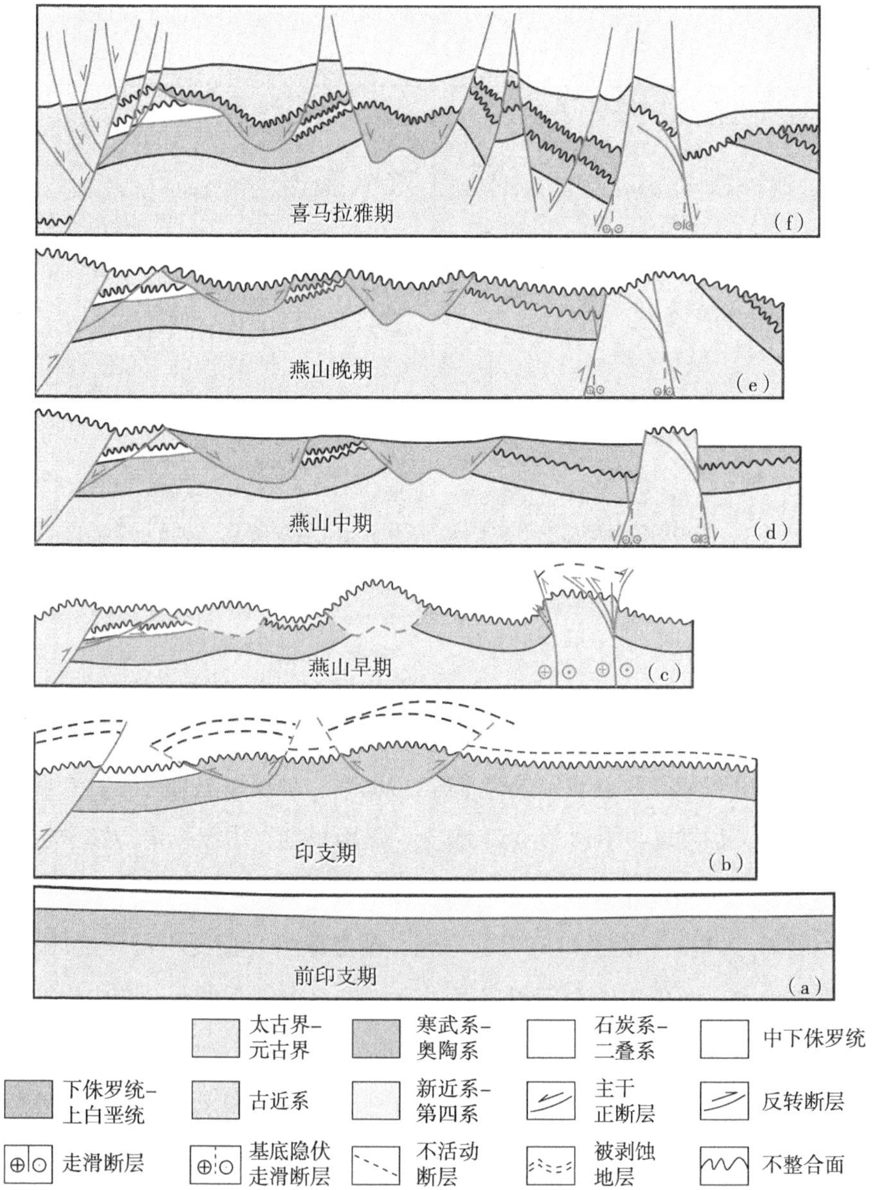

图 4-9　渤中凹陷西南部典型构造剖面演化史（剖面据徐长贵等，2019，略改）

磷灰石裂变径迹热年代学技术在构造－热耦合、地质事件定年、地层隆升与沉降等方面有着独特的技术优势（Qiu 等，2011；任战利等，2015）。图 4–10 显示渤中凹陷 2 口井的岩心样品裂变径迹长度分布，其中，PL9–1–2 井岩心样品为中生界花岗岩，BZ26–2–3d 井为古近系沙河街组或东营组砂岩（胡志伟等，2019）。裂变径迹的长度呈单峰式分布，这表明该年龄代表了最后一次冷却事件开始发生的时间，中值年龄具有确切的地质意义，符合受单一热事件控制的特点。基于渤中凹陷地层发育史和构造演化背景，结合典型构造剖面和磷灰石裂变径迹地化约束，渤中凹陷前寒武纪以来冷却抬升事件主要包括如下 3 个阶段：87～68Ma（前寒武系沉积末）、28～12Ma（东营组沉积末－馆陶组沉积以来）和 3.2Ma 以来（明化镇组沉积中后期），如图 4–10 所示。

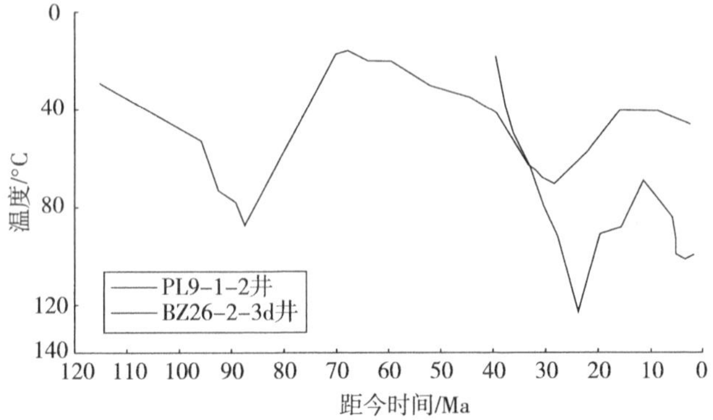

图 4–10 渤中凹陷典型钻井岩心磷灰石裂变径迹反映的热史曲线分布（胡志伟等，2019）

第三节
裂缝类型与形成机制

一、裂缝类型

基于渤中凹陷西南部深层潜山储层发育特征和探井取心情况，综合选取渤中凹陷钻井取心长、裂缝显著发育的 A1 井、A7 井、A8 井、B2 井、C1 井等 26 口取心井进行岩心观察和描述，累计观察岩心长度为 405.5m。为研究方便和表述清楚，将裂缝与岩心轴向的夹角定义为 α，进一步把裂缝分类为近垂直缝（α>60°）、斜交缝（30° <α<60°）和水平缝（α<30°），如图 4–11 所示。岩心尺度规模分析结果表明，渤中凹陷西南部深层潜山裂缝发育程度较好。渤中凹陷不同次洼、不同层位的裂缝类型、发育程度、延伸规模、产出状态和充填情况迥然不同，如图 4–12 所示。

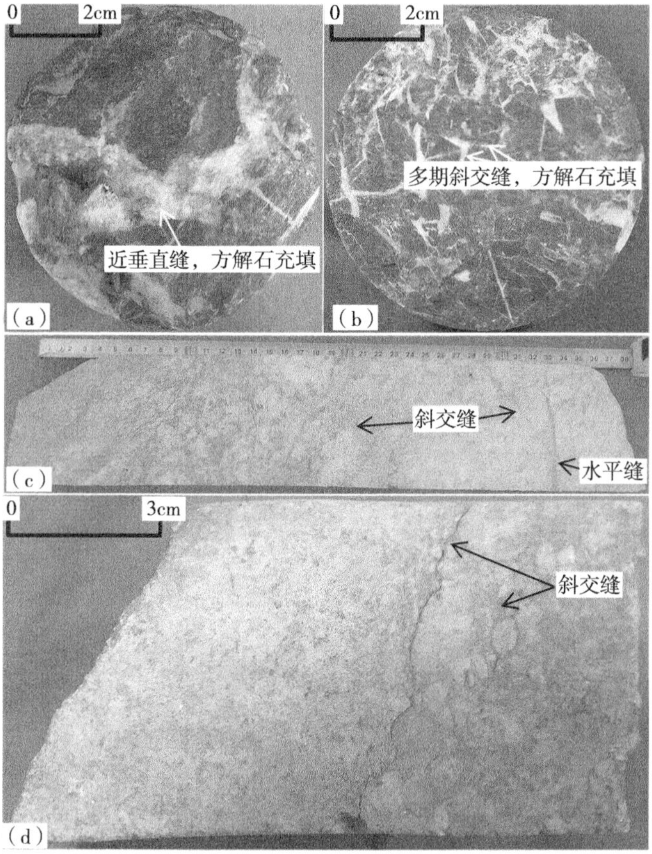

图 4–11 渤中凹陷西南部深层潜山储层中岩心裂缝特征

(a)(b)：B1 井，4891.5m，奥陶系，含云灰岩，见近垂直缝和斜交缝，方解石充填裂缝；(c)：A2 井，3878m，太古界，变质岩，见斜交缝和水平缝，缝面疑似被泥质充填；(d)：C4 井，3956.7m，太古界，花岗岩，斜交缝，缝面被泥质充填

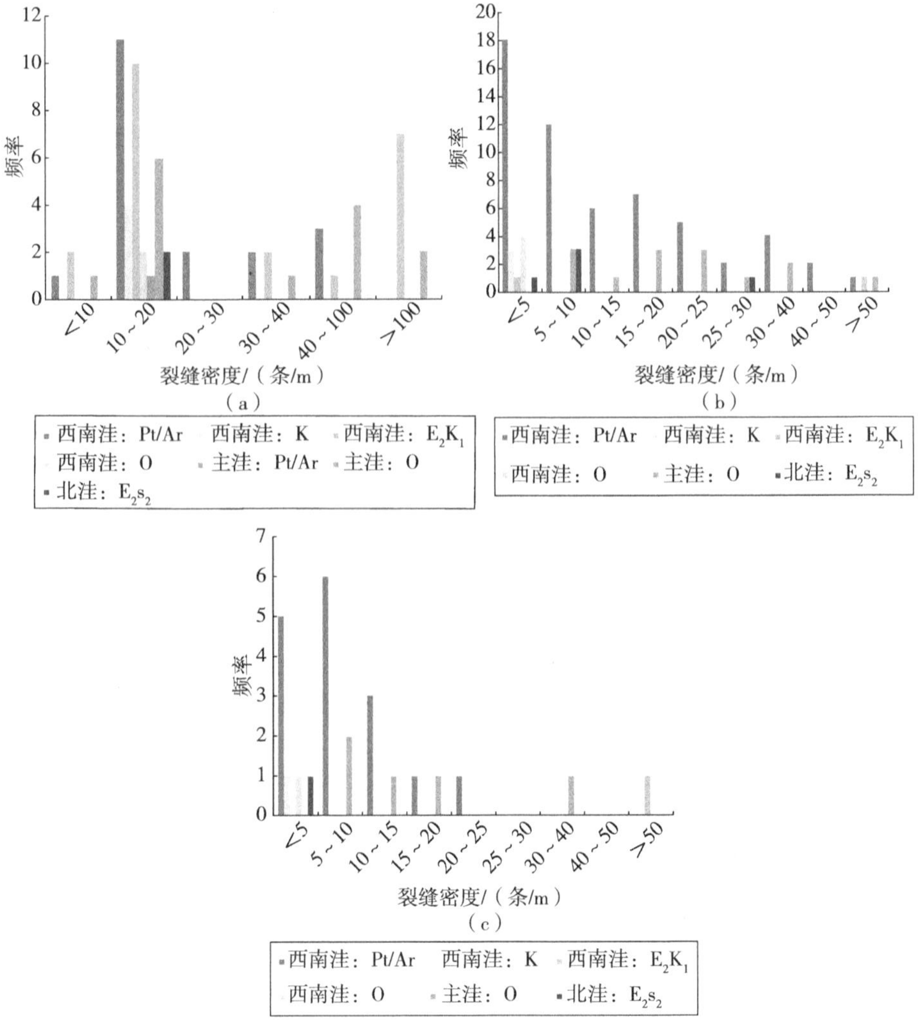

图 4-12　渤中凹陷深层储层中近垂直缝（a）、斜交缝（b）和水平缝（c）密度特征

1. 近垂直缝

近垂直缝是与岩心轴近平行分布的裂缝，该类型裂缝均近垂直切开 / 断岩心，缝面相对平整，缝宽范围为 1～15mm，纵向延伸程度较长，在观察的整个岩心段均有不同程度分布。其充填特征以方解石为主，多数呈未充填－半充填形式，如图 4-11（a）、图 4-13（a）和图 4-13（b）所示。该类型裂缝在渤中凹陷西南洼中发育程度较好，裂缝密度最大可达 57 条 /m，主洼次之，北洼最弱，其裂缝密度仅为 15 条 /m，如图 4-12（a）所示。

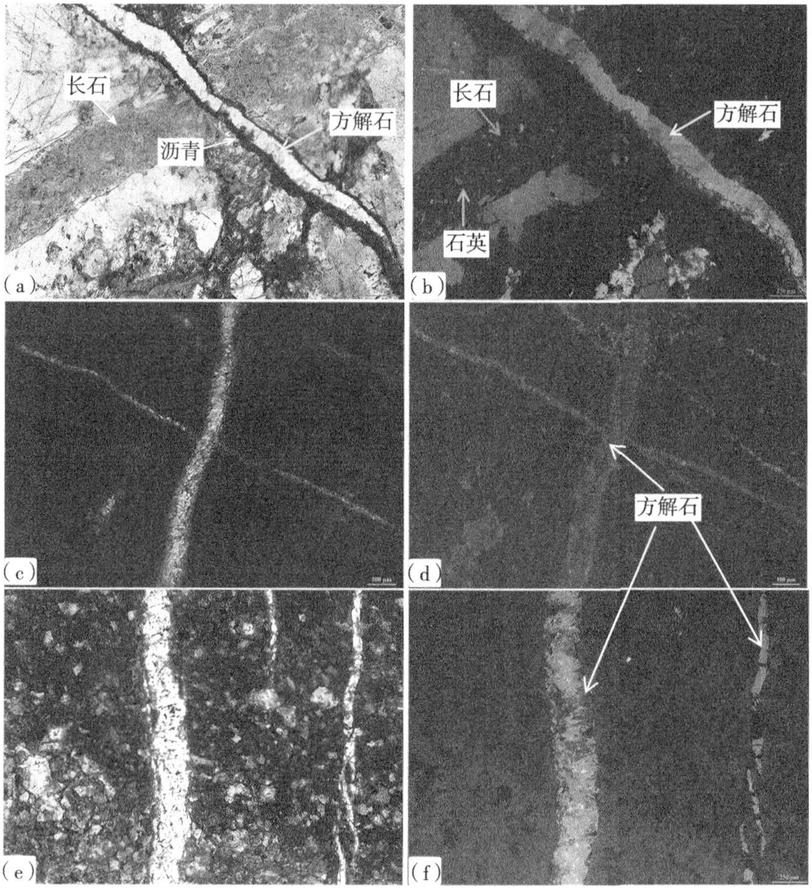

图 4–13　渤中凹陷西南部深层潜山储层裂缝显微特征

(a)透色光、(b)阴极发光：A2 井，3878m，太古界，变质岩，裂缝中见长石、方解石和沥青充填；(c)透色光、(d)阴极发光：B1 井，4891.5m，奥陶系，含云灰岩，裂缝中见方解石充填；(e)透色光、(f)阴极发光：B2 井，3026.3m，奥陶系，灰岩，裂缝中见方解石充填

2. 斜交缝

斜交缝在渤中凹陷西南部深层潜山地层中最为发育，其类型进一步划分为低角度缝（30° $<\alpha<$45°）和高角度缝（45° $<\alpha<$60°）。由于取心直径的制约，岩心尺度上揭示该类型的缝长通常不超过 7cm。依据斜交缝的缝宽和充填物的类型可划分为方解石充填斜交缝［图 4–11（b）、图 4–13（c）和图 4–13（d）］和泥质充填斜交缝［图 4–11（c）和图 4–11（d）］两种类型。方解石以半充填、全充填斜交缝为主，如图 4–11（b）所示，泥质以半充填

为主，如图 4–11（d）所示，方解石和泥质充填的斜交缝缝宽变化范围在 2~18mm，方解石主要沿高角度裂缝带分布，如图 4–11（b）、图 4–13（e）和图 4–13（f）所示，泥质充填的斜交缝主要以低角度缝存在。凹陷西南洼中斜交缝在不同层位中均有不同程度的发育，主洼中奥陶系地层中斜交缝密度值主要介于 15~25 条 /m，北洼发育较弱，集中在 5~10 条 /m，如图 4–12（b）所示。

3. 水平缝

渤中凹陷深层潜山储层中水平缝发育较弱，主要是指近垂直岩心轴的水平缝，如图 4–11（c）所示，该类型裂缝的特征为泥质充填特征。水平缝缝宽较小，缝宽值介于 1~7mm，以半充填、未充填为主。该类型裂缝在渤中凹陷西南洼发育较为广泛，裂缝密度峰值为 5~15 条 /m。北洼发育最弱，裂缝密度介于 0~5 条 /m，如图 4–12（c）所示。

二、发育期次

渤中凹陷西南部深层潜山在多期次构造活动过程中经历了多次升降更替演化叠合，如图 2–14 和图 4–9 所示，发育有近垂直缝、斜交缝和水平缝三类裂缝。然而，在不同的构造演化阶段中，由于地应力方向、大小和历经的地层流体存在差异，均在不同程度上使得渤中凹陷西南部深层潜山储层中裂缝的产状、形成期次和充填物类型有所差异。基于裂缝间的相互切割关系和充填物类型明确裂缝的发育期次，综合探究裂缝形成机制。

1. 切割关系

通过裂缝间的相互切割关系可大致判识裂缝发育序次。对西南部深层潜山典型井 A7 井段岩心中裂缝发育程度分析可知，渤中凹陷西南部深层潜山储层中发育 4 期较为明显的切割关系，如图 4–14 所示。图 4–14 显示同一条水平缝被同期斜交缝多次错断，近垂直缝切穿水平缝和斜交缝，如图 4–14（b）

所示；图 4–14（a）白色圆圈显示近垂直缝被斜交缝轻微错断，图 4–14（a）黑色圆圈显示为两期斜交缝的交会点，晚期斜交缝（黑色虚线表示）将早期斜交缝（白色虚线表示）切割，如图 4–14（b）所示，见较为明显的位移。根据上述分析，裂缝发育的先后序次基本为：水平缝早于近垂直缝，近垂直缝要早于斜交缝，斜交缝中又进一步明确出裂缝密度小的斜交缝早于裂缝密度大的斜交缝。

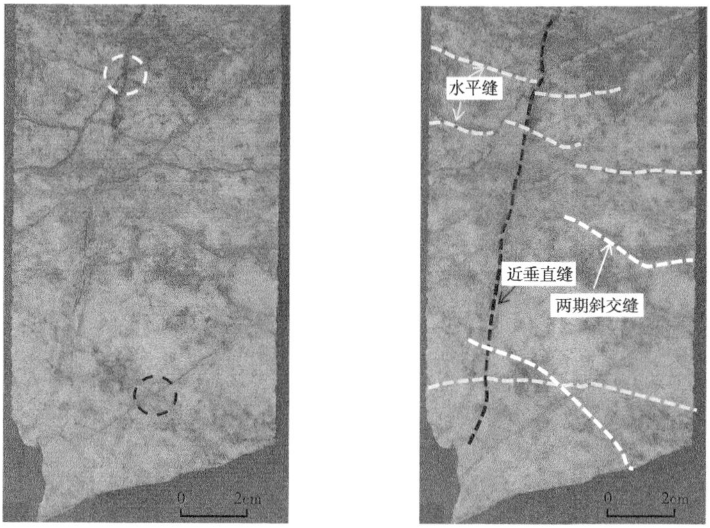

（a）A7 井，4601.65m，太古界，变质岩，岩心照片　　（b）裂缝切割关系

图 4–14　渤中凹陷西南部深层潜山储层岩心裂缝间相互切割关系

2. 充填物类型

渤中凹陷深层潜山储层中裂缝充填物主要涵盖方解石、石英、泥质和沥青，如图 3–6（a）、图 4–13、图 4–15 所示。这 4 类充填物之间有着不同程度的叠加现象。近垂直缝中以石英和沥青半充填为主，如图 3–6（a），图 4–15（a）和图 4–15（b）显示充填物为石英的裂缝将早期充填物为方解石的裂缝错断，结合裂缝间的相互切割关系可以初步认为早期水平缝充填物为方解石，近垂直缝半充填物为石英，随后原油的充注将早先充填的方解石不同程度地溶解，如图 4–15（c）、图 4–15（d）、图 4–15（e）、图 4–15（f）所示。对裂缝中方解石充填物进行阴极发光分析后认为，裂缝中充填的方解石至少

存有两期。早期为发褐黄色阴极光的方解石和晚期发橘黄色阴极光的方解石，如图 4–15（c）和图 4–15（d）所示，以早期方解石充填为主。图 4–15（e）和图 4–15（f）显示石英颗粒在碎裂后形成裂缝，随之裂缝被方解石充填，较晚期的原油充注致使早期的方解石发生斑点状溶蚀，局部见锯齿状溶蚀，由此说明石英颗粒微裂缝的形成时间要早于方解石充填，后者要早于原油充注。据此，渤中凹陷西南部深层潜山裂缝发育的先后序次为：石英颗粒碎裂缝和方解石充填的水平缝早于石英半充填的近垂直缝，后者早于方解石充填的斜交缝，最晚期为原油充填的裂缝，该类裂缝主要包括近垂直缝和两期斜交缝。

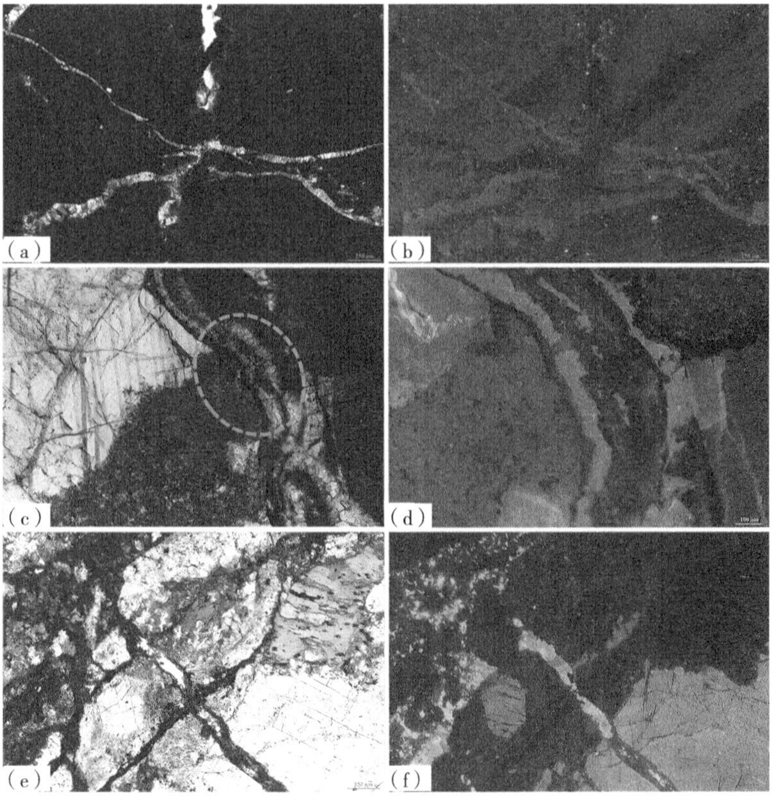

图 4–15　渤中凹陷西南部深层潜山储层岩心裂缝充填物及其显微特征

（a）透色光、（b）阴极发光：Q3 井，3474.2m，E_2s_3，岩屑砂岩，2 期裂缝，晚期裂缝被石英充填；（c）透色光、（d）阴极发光［图（d）是图（c）中虚线圈的放大］：B2 井，3026.3m，奥陶系，含云灰岩，裂缝见两期方解石充填，原油充注将先前充填在裂缝中的方解石溶解，见方解石锯齿状溶蚀；（e）透色光、（f）阴极发光：A2 井，3878.3m，太古界，裂缝中充填方解石

三、形成机制

渤中凹陷深层天然气储集空间以变质岩为主，就变质岩本身而言并不是优质储层的承载体，其必然经受了构造作用和大气水风化淋滤等作用的改造（侯明才等，2019；王德英等，2019）。构造作用产生的裂缝和节理不仅是深层油气的良好储集空间，还可作为地层流体的运移通道。构造演化显示渤中凹陷先后经历了多期构造和复杂的运动学机制，为裂缝的形成和发育奠定了良好的构造背景。

如图 4–16 所示，渤中凹陷深层潜山构造演化阶段中均不同程度地发育了裂缝，印支期的近南北向挤压与早期形成的水平缝和近垂直缝相对应，该机制作用下产生的裂缝主要充填物为碳酸盐岩，其次为石英，见图 4–15（a）和图 4–15（b）。燕山期，由于太平洋板块向东亚大陆北北西向俯冲，郯庐断裂相继发生左旋挤压，衍生出大规模的北东向的挤压裂缝，形成了早期斜

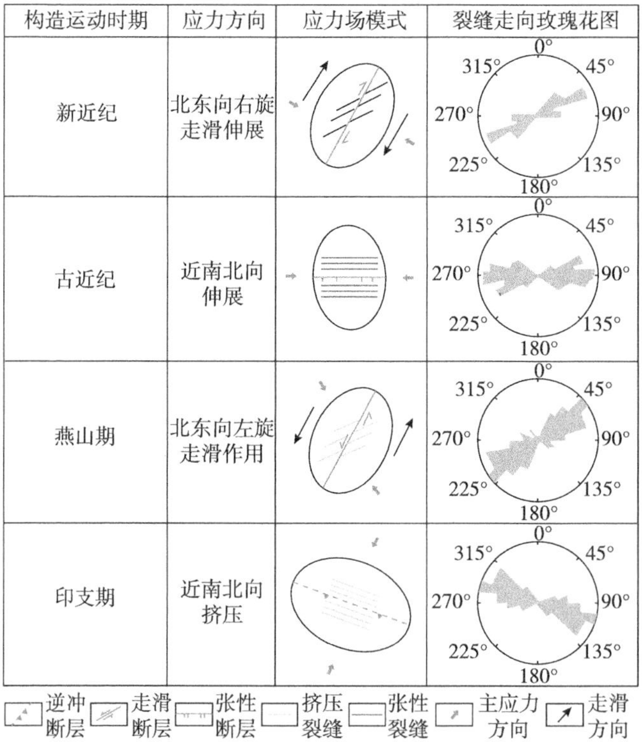

图 4–16　渤中凹陷深层潜山储层各时期构造应力与裂缝发育关系（徐长贵等，2019）

交缝，裂缝密度较小［图 4–14（b），白色虚线表示］。新生代以来的太平洋改变俯冲方向，郯庐断裂发生右旋走滑拉张，衍生出大规模的北东向张性裂缝。致使裂缝密度大，对油气运移、储集产生重要影响的斜交缝得以产生［图 4–14（b），黑色虚线表示］。渤中凹陷深层潜山裂缝形成演化机制是在印支期以来，以多期构造演化作用机制为主叠加形成。

不同产状的裂缝受制于古应力场的约束（包友书，2019）。通过对渤中凹陷西南部深层潜山变质岩中典型井的裂缝特征统计得出，渤中凹陷大致发育有 3 组不同方向上的构造缝，如图 4–17 所示。其中，北东向和北西向裂缝以斜交缝中的高角度缝和近垂直缝发育为主，如图 4–17（a）和图 4–17（b）所示；近东西向裂缝以发育水平缝和低角度缝为主，如图 4–17（c）所示。结合渤中凹陷西南部深层潜山储层各时期构造应力场分析可知，见图 4–16，北东向裂缝在燕山期以来得以形成，新近纪以来的新构造运动产生了北东向右旋走滑伸展应力，使裂缝发生活化和继续发育。北西向裂缝为走滑断裂转弯部位所形成，位于挤压应力场中，多构成闭合无效裂缝（侯明才等，2019）。近东西向裂缝处于古近纪近南北向伸展拉张作用下，多数为张开有效裂缝输导体。综合构造演化背景和裂缝产状特征，燕山期以来是渤中凹陷西南部深层潜山裂缝发育的主要时期。

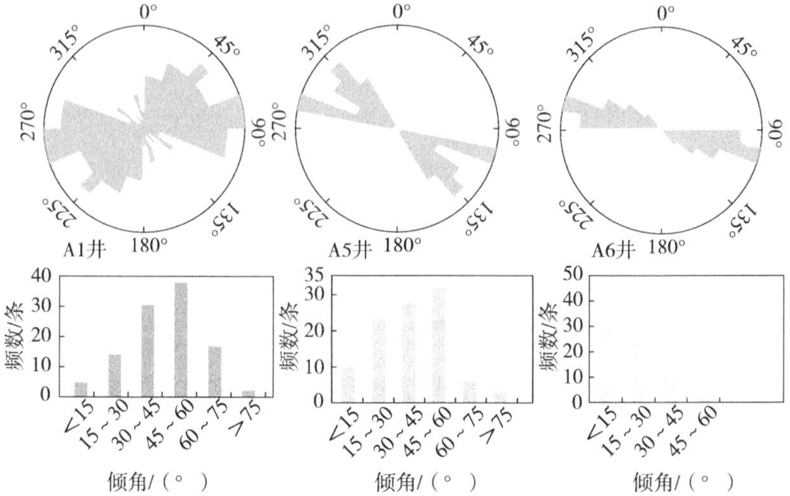

图 4–17　渤中凹陷西南部深层潜山储层裂缝特征

在烃源岩生、排烃和运移、充注过程中产生的超压也可使裂缝发生较大程度上的开启和发育（赵文智等，2009）。渤中凹陷西南部深层潜山裂缝的形成机制之一可能有烃源岩生烃增压产生规模裂缝，理由如下：

（1）渤中凹陷优质烃源岩位于渤中凹陷主洼和西南洼地，位于深层潜山储层的东北方向。西南部深层潜山天然气藏高温、高压，有效烃源岩剩余压力模拟得知在关键成藏期时其值在凹陷主洼生烃中心最大，其峰值可达57MPa。地理位置背景和压力条件与晚期斜交缝的产状和延展方向极度耦合，较大可能是超压产生裂缝的机制之一。

（2）多构造演化阶段形成的裂缝均不同程度地见有未充填－半充填，见图3–6（a），且这些裂缝中表现有原油充注的痕迹，如图4–13（a），图4–15（c）和图4–15（e）所示，原油充注导致早期充填方解石的裂缝发生不同程度的溶解，如图4–13（b）、图4–15（d）和图4–15（f）所示。这样的酸性流体环境使得裂缝发育规模进一步增大。同时，该机制增强了深层潜山裂缝的储集空间能力。

（3）渤中凹陷西南部深层潜山裂缝中存在大量的液态烃包裹体和气态烃包裹体，如图4–18所示。气态烃包裹体无荧光显示［图4–18（a）和图4–18（b）］和液态烃包裹体显示为蓝色－蓝白色荧光［图4–18（b）和图4–18（d）］均表征为深层油气具成熟－高成熟烃类产物特征，结合前述研究，来源于深部流体的方解石充填要早于晚期原油的充注。因此，晚期油气的强烈充注在一定程度上导致了裂缝的形成。由裂缝中包裹体古压力恢复，结合单井埋藏史得知，该时期的古压力均为超压，且远远大于等深地层条件下的静水压力。渤中凹陷西南部优质烃源岩的生排烃期和深层潜山成藏时间均与晚期裂缝发育耦合，佐证了裂缝的形成机制之一可能为源岩生、排烃产生超压的贡献。

综上，渤中凹陷西南部深层潜山裂缝在多期次构造演化的作用下形成了3大类4种裂缝，同时，渤中凹陷优质烃源岩的构造背景、生排烃期、充注时间、剩余压力等均与晚期裂缝发育耦合，成为裂缝形成的综合成因机制。

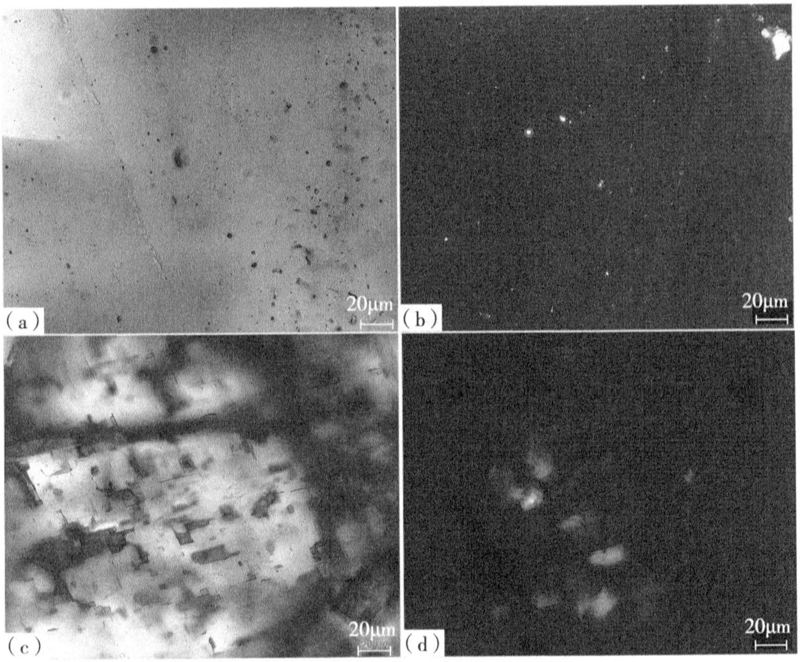

图 4–18　渤中凹陷西南部深层潜山储层裂缝中包裹体类型与荧光特征

（a）透色光、（b）荧光：A7 井，4683.9m，太古界，混合花岗片麻岩，裂缝充填石英，石英胶结物内见大量的气态烃包裹体和少量蓝色荧光的油包裹体；（c）透色光、（d）荧光：B3 井，4361.6m，奥陶系，灰岩，裂缝充填方解石，方解石胶结物内见大量蓝色、蓝白色荧光的油包裹体

第四节
输导体系对油气运聚成藏的影响

原油和油质沥青的荧光特征是示踪原油运移方向，判识优势输导通道的直接证据（曾联波等，2008；刘可禹等，2016；Zhao 等，2018）。图 4–19 显示渤中凹陷深层高渗岩体中原油和油质沥青荧光特征，反映出高渗岩体在不同时期的原油充注中呈现出的输导特征。图 4–19（a）和图 4–19（b）显示，后期较高成熟原油沿着早期低成熟油路径运移，这在一定程度体现了高渗岩体输导性能的优越性和持久性。

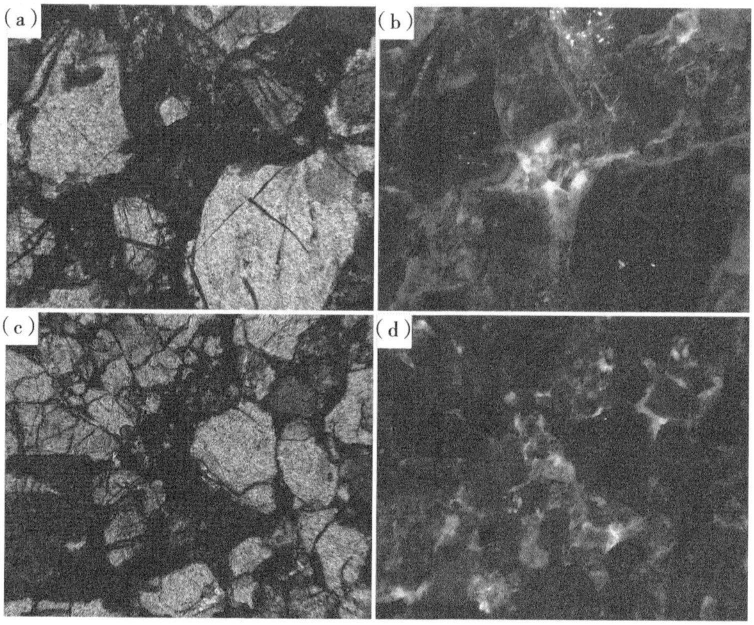

图 4-19　渤中凹陷深层高渗岩体孔隙中荧光特征

（a）透色光、（b）荧光：A3 井，4053.7m，太古界，混合花岗片麻岩，孔隙中见黄色和白色荧光；（c）透色光、（d）荧光：C9 井，3320.7m，沙河街组，中砂岩，孔隙中见蓝白色荧光

渤中凹陷潜山储层裂缝中有不同程度的油质沥青分布，这奠定了断层－裂缝是深层油气运聚成藏的优势运移路径之一。图 4-20（a）显示不同类型的裂缝均见有沥青充填，阴极发光下该裂缝处无方解石胶结物充填，进一步证实该类型储层中裂缝经历了早期方解石的充填胶结，晚期原油的充注将早期沉淀的方解石溶蚀，从而形成了优势运移通道。图 4-20（b）表明裂缝中几乎均被方解石充填，这表明并非所有裂缝均经历了原油的充注，更加验证了深层油气的优势运移具有一定的方向性。进一步理解为只有在原油优势运移指向上的输导体系才具备成为优势输导的基本条件。图 4-20（c）显示有两期裂缝，晚期裂缝（红色箭头指向）将早期裂缝（绿色箭头指向）错断，图 4-20（d）荧光特征显示，黄色荧光的原油沿着晚期裂缝发生了充注。图 4-20（e）和图 4-20（f）显示，发育在变质岩类造岩矿物长石和石英中的裂缝有晚期黄白色荧光原油分布。综合来看，晚期断裂－裂缝和变质岩中构造缝均能够为深层原油运移提供优势输导通道。

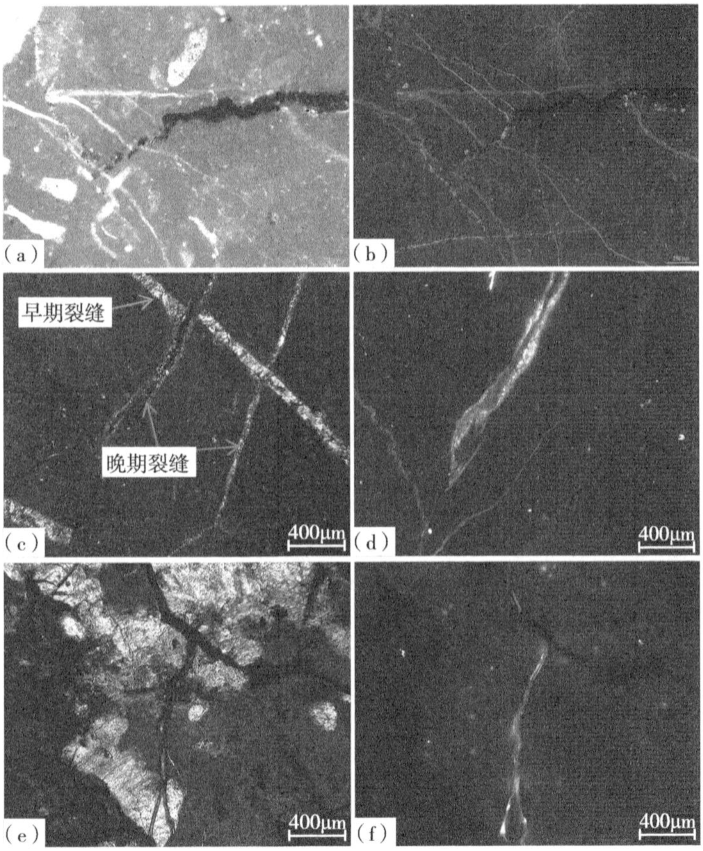

图 4-20　渤中凹陷西南部深层潜山储层裂缝中荧光特征

(a)(b): A7 井, 4678.8m, 太古界, 混合花岗片麻岩, 原油充填与晚期裂缝走向一致; (c)(d): B2 井, 3026.3m, 奥陶系, 灰岩, (c) 图中显示有早、晚两期裂缝 (晚期裂缝将早期裂缝错断), 淡黄色荧光原油在晚期裂缝中充注; (e)(f): A1 井, 3877.9m, 太古界, 花岗片麻岩, 裂缝中见黄白色荧光, 少数裂缝中无荧光显示

图 4-21 显示，高渗岩体、断裂、不整合面和裂缝等四位一体的输导体系成为油气运聚成藏的地质格架背景。A1 井和 D6 井附近发育裂缝，进一步对比发现这两个井区的裂缝类型、发育程度等均优于其他井区，日产气量也已突破数十万立方米。荧光特征显示，缝面也见有不同荧光油质沥青的分布，集中表现为输导格架背景下，深层油气可能发生优势运聚成藏潜力，见图 4-21。总之，渤中凹陷西南部深层潜山油气在高渗岩体、不整合面、断裂和裂缝等优势输导格架下，发生了多阶段、长距离的运聚过程。

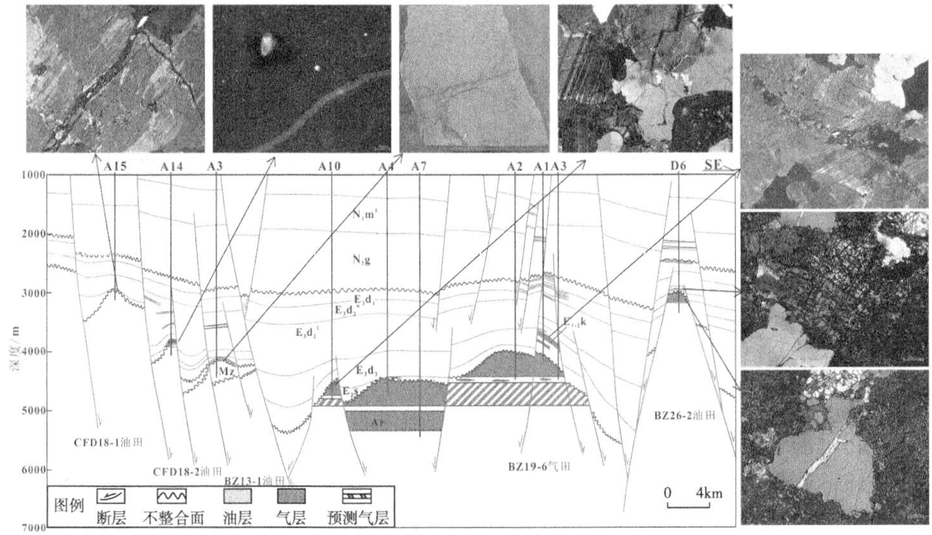

图 4-21 渤中凹陷西南部深层潜山油气分布与输导体系展布剖面

第五章

流体动力恢复与演化

流体动力恢复和演化是油气运聚研究的核心内容。通过试油 / 气层段温、压测试和部分泥浆密度折算压力，分析当前温压特征。应用综合压实曲线法和鲍尔斯法，结合 PetroMod® 软件评价超压成因。基于地层格架和岩相设置，优选模拟参数，对模拟结果进行有效性验证，对古流体压力场进行恢复和演化。

第一节 现今温压特征与超压成因

一、温度特征

图 5-1 是渤中凹陷各井区典型井温测试数据，A 井区、B 井区和 C 井区井温测试的数据与深度呈较好的线性关系，这表明这些数据能够较好地反映渤中凹陷地层的实际温度情况。渤中凹陷 43 口井的 128 个油 / 气层测温数据显示，

温度随深度的增加而升高，显示出典型的温度传导型特征，如图 5-2 所示。

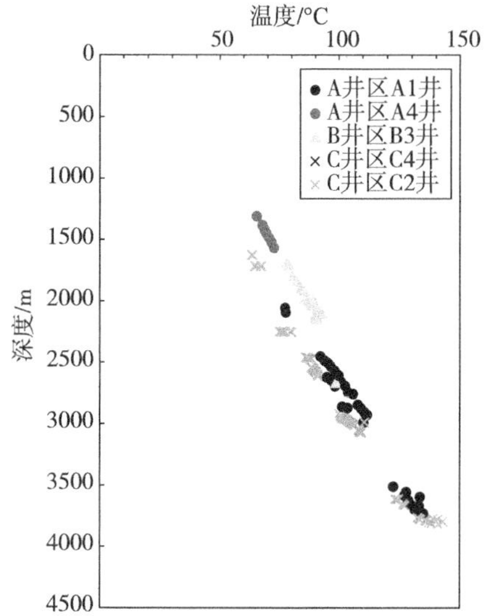

图 5-1 渤中凹陷不同井区钻井测温测试数据

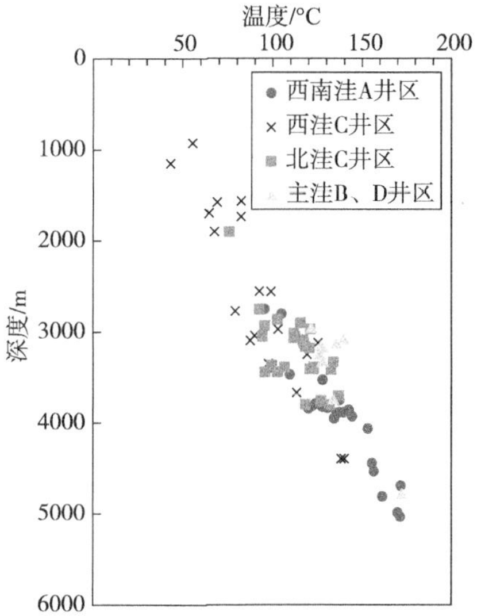

图 5-2 渤中凹陷各次洼试油 / 气层温度 - 深度关系

通常用单井地温梯度来表示该井区的温度特征。依据试油 / 气层位中温度测试数据计算恒温层至特定深度的地温梯度，恒温带温度 T_o 取 13℃（陈墨香等，1988），恒温带深度 H_o 取 10m（肖卫勇等，2001）。地温梯度的计算可由如下公式求取：

$$G = \frac{T_s - T_o}{H - H_o} \tag{5-1}$$

式中，G 为地温梯度，℃ /100m；T_s 为试油 / 气层温度，℃；H 为测温深度，m。

鉴于大多数钻井在多个深度段进行了温度测试，一般情况下，也可通过多个地温梯度值的算术平均来确定该井的地温梯度值。计算结果如图 5-3 所示，渤中凹陷的地温梯度值分布范围较广，其值介于 2.40~4.23℃ /100m，均值为 3.19 ℃ /100m。其中，渤中凹陷西南洼、西洼、北洼和主洼的地温梯度值分别为 2.98~3.44 ℃ /100m、2.47~4.23 ℃ /100m、2.40~3.63 ℃ /100m 和 2.86~4.07 ℃ /100m，其平均值分别为 3.20 ℃ /100m（n=13）、3.09 ℃ /100m（n=9）、3.19 ℃ /100m（n=14）和 3.48 ℃ /100m（n=3），n 为样点数。图 5-3 显示，渤中凹陷地温梯度的总体趋势是浅层地温梯度较高，由浅层至深层地温梯度值逐渐降低，3500m 以深地温梯度值逐渐稳定，接近渤中凹陷地温梯度平均值。

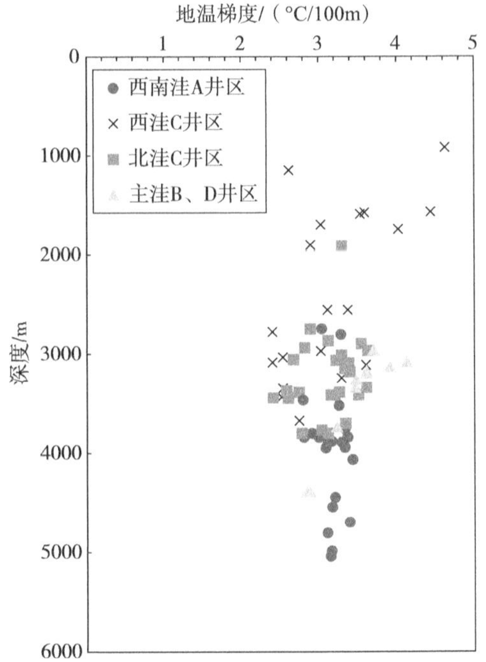

图 5–3　渤海湾盆地渤中凹陷各次洼地温梯度 – 深度关系

利用斯伦贝谢盆地模拟软件 PetroMod®，结合试油 / 气温度测试数据标定，模拟计算了渤中凹陷各主要地层的地温梯度展布（图 5–4）。选取典型 E_2s_{1+2} 和 E_2s_3 段现今地温梯度平面展布分析渤中凹陷区域温度场特征。图 5–4 整体显示，渤南低凸起、埕北低凸起和石臼坨低凸起一带的地温梯度较高，其值分布在 3.0~3.5 ℃ /100m。沙垒田低凸起以西地温梯度较低，该低凸起以东局部见地温梯度异常高值区。主洼中心和西南洼部分区间在沙河街组地温梯度分布中均呈现低值，出现此种异常的原因可能是热流折射和在温度扰动区内热流再分配（熊亮平和张菊明，1984），即热流的折射和再分配是发生在热导率有所差异的地层界面上。渤海湾盆地相关地层岩性的埋藏和热史重建参数显示，见表 5–1，不同地层岩性的基岩热导率有着较为明显的差异，这也为温度场内发生热流折射和热扰动提供了物质条件，岩性差异导致的结果就是温度场内热流向相对较高热导率的岩层发生运聚，西南洼 A 井区和 B 井区深层天然气储层为基底变质岩类，北洼 C 井区部分深层储层为白云岩，以上基底岩性均贡献了渤中凹陷低凸起的较高地温梯度。

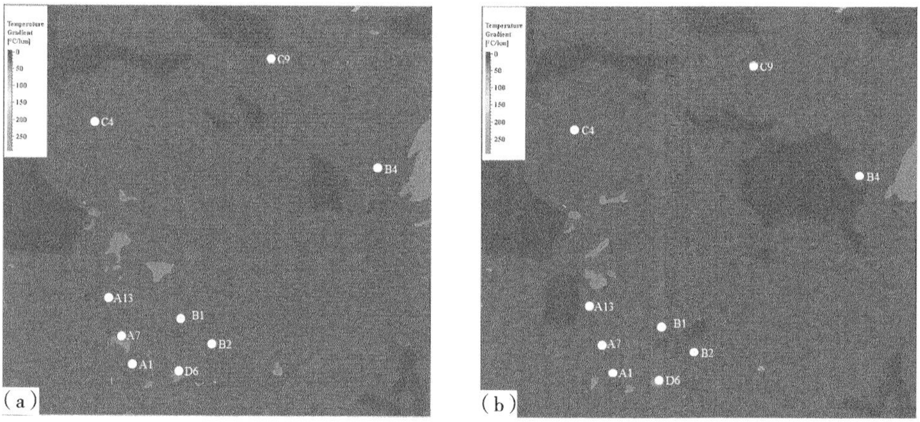

图 5-4 渤中凹陷 E_2s_{1+2} 段（a）和 E_2s_3 段（b）现今底界地温梯度展布

表 5-1 渤海湾盆地埋藏与热史重建的相关参数（Hu 等，2001）

岩性	原始孔隙度 /%	密度 /（$kg/m^3 \times 10^3$）	岩石热导率 /（W/mK）	热容 /（kJ/m^3）	生热率 /（$\mu W/m^3$）
砂岩	46.4	2.64	2.13	2800	0.320
泥岩	57.0	2.60	1.45	2100	1.120
石灰岩	51.0	2.71	2.44	2580	0.045
白云岩	46.9	2.86	3.87	2610	0.032
玄武岩	0	2.67	3.25	2500	0.210

二、压力特征

通过 23 口井的试油 / 气层段压力测试和部分泥浆密度折算压力对渤中凹陷现今压力特征进行分析。由于在同一个压力系统中理应具有统一的剩余压力，因此，采用剩余压力这一参数表征深度与超压之间的关系（图 5–5）。图 5–5 显示，渤中凹陷各次洼实测地层剩余压力随深度呈现规律性变化，即地层剩余压力在纵向上表现出了较为明显的分带性，上部地层为正常常压带，局部点出现剩余压力异常增大，这是超压传递所致。其下部随着深度增加呈现异常高压带（超压带）。渤中凹陷各次洼出现超压带的顶界深度存在差异，其中西南洼和西洼出现超压的深度是3300m，3300m以深储集层中剩余压力显著增大，剩余压力值主体介于3.5~18.5MPa。北洼的超压顶界深度为2700m，在该深度以下剩余压力值介于3.3~11.8MPa。

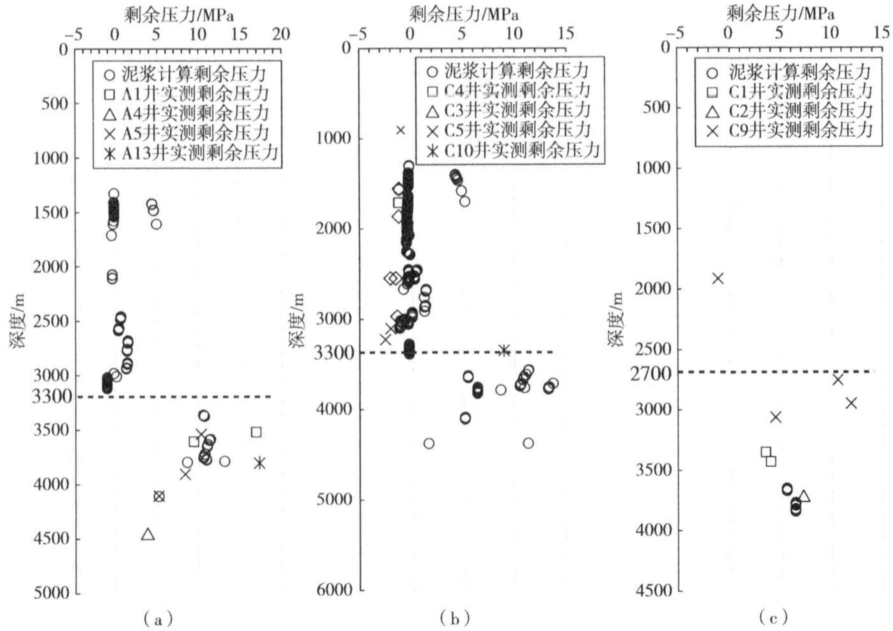

图5–5　渤中凹陷西南洼（a）、西洼（b）和北洼（c）现今剩余压力与深度关系

渤海湾盆地古近系纵向压力场结构特征显示，宏观区域上超压带主要分布在E_2s_3、E_2s_{1+2}和东营组（刘晓峰等，2008；张善文等，2009），尽管不同凹陷超压带出现的层位有所差异，但大致有超压带发育层位与各凹陷的主力烃源岩层系相一致。依据渤海湾盆地超压发育层位及其纵向上岩性相互叠置关系来判识压力场结构特征（蒋有录等，2016），图5–6显示，渤中凹陷各次洼古近系层系在纵向上仅发育一个超压带，即E_3d_2层系，具体表现为西南洼超压带出现在$E_3d_2^L$层位，而西洼和北洼超压出现的层系主要出现在$E_3d_2^u$层位。因此渤中凹陷的压力场结构类型主要为单超压型。粒度由粗变细的岩性组合通常构成了常压带与超压带之间的压力界面。

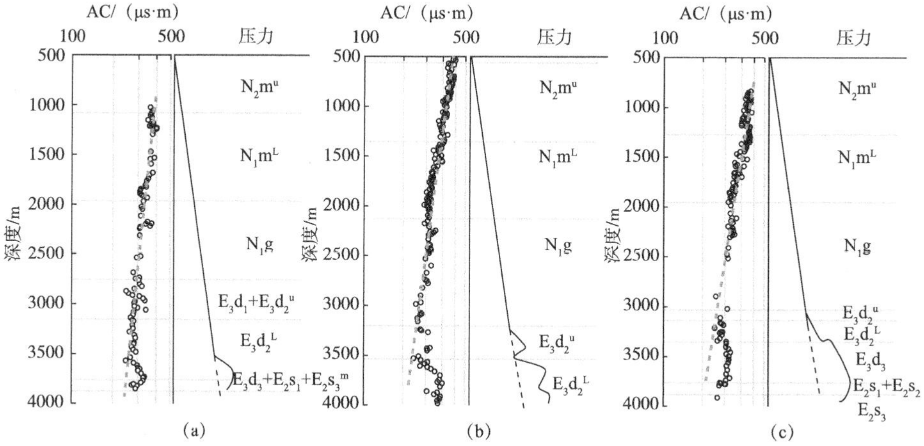

图 5–6　渤中凹陷西南洼（a）、西洼（b）和北洼（c）纵向压力结构特征

三、超压成因

超压成因判识是研究超压特征和恢复古流体压力的理论基础，根据前人总结和本文研究，将渤中凹陷超压成因归类为断裂传递型超压和生烃增压。

1. 断裂传递型超压

断裂传递型超压被认为是较高剩余压力沿断裂带传递形成的超压，是一种瞬时压力传递（范昌育等，2014）。具体表现为当沉积盆地中不同部位的地层中存在剩余压力差时，优先沿断裂体向剩余压力减小的方向运移，当剩余压力差异消失或介于断裂核破裂极限内，传递型超压终止（图 5–7）。

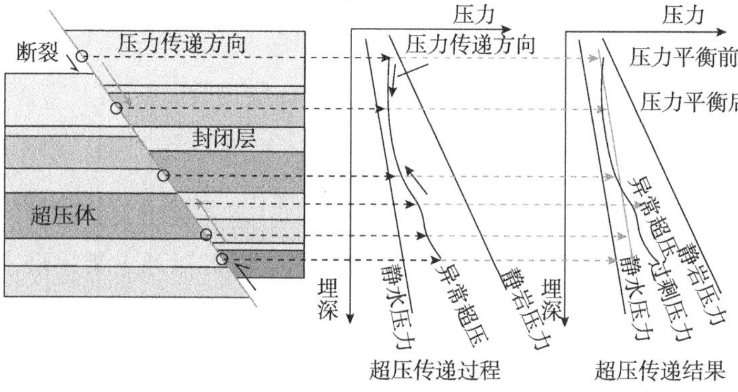

图 5–7　断裂传递型超压传递过程与地质响应示意（范昌育等，2014）

沉积型超压和流体膨胀产生的超压在泥岩压实曲线上的综合特征较为明显［图 5-8（a）］，其出现的层位、深度和超压曲线形态均存在较大差异。垂向有效应力与声波速度的交会图版是进一步判识该类型超压成因机制应用较多的图版之一（范昌育等，2014，2016；赵靖舟等，2017；Li 等，2019）。在国内的柴达木（范昌育等，2014）、松辽（赵靖舟等，2017）、塔里木（文晨曦等，2019）、鄂尔多斯（Li 等，2019）等盆地相继利用该图版有效判识出传递型超压。基于该类图版，国外的文莱巴拉姆盆地中陆棚三角洲砂体中超压成因为断裂传递（Tingay 等，2009）。在定性判识的基础上，部分学者对传递型超压定量贡献进行了评价计算（Fan 等，2016；文晨曦等，2019），见

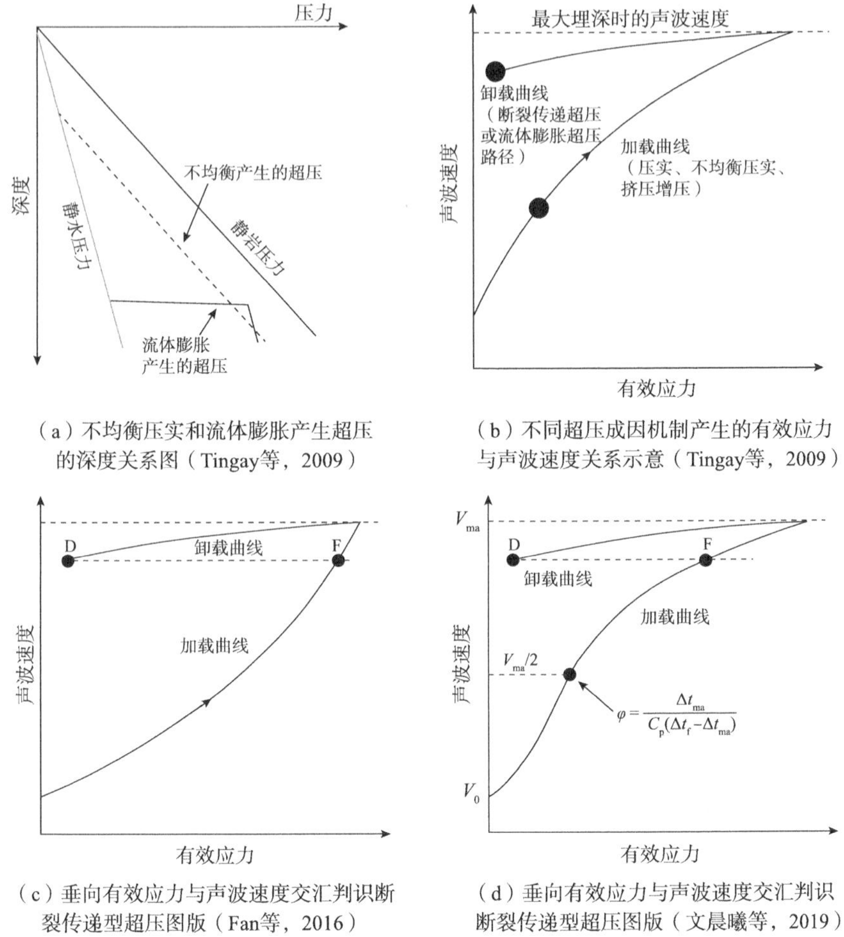

（a）不均衡压实和流体膨胀产生超压的深度关系图（Tingay等，2009）

（b）不同超压成因机制产生的有效应力与声波速度关系示意（Tingay等，2009）

（c）垂向有效应力与声波速度交汇判识断裂传递型超压图版（Fan等，2016）

（d）垂向有效应力与声波速度交汇判识断裂传递型超压图版（文晨曦等，2019）

图 5-8　断裂传递型超压综合判识图版

图 5–8（c）和图 5–8（d）。结合在不同轴向应力作用下模拟岩心样品孔隙体积和孔隙流体压力与应力的物理模拟实验结果分析得出，轴向应力与岩石孔隙体积和孔隙流体压力表现为阶段性特征，起初岩石孔隙体积随着轴向应力的增加而增大，此时岩石颗粒为主要受力体，随着轴向应力的进一步增大，孔隙流体压力相继承担了 76% 左右的轴向应力（曾联波和刘本明，2005）。鉴于此，本文引用计算库车坳陷深层储层中断裂传递型超压定量评价公式对渤中凹陷断裂传递型超压进行定量评价（文晨曦等，2019）。

渤中凹陷西南洼和主洼古近系优质泥质烃源岩中剩余压力一般均高于深层潜山地层，地震反演数据体显示渤中凹陷断裂发育，具备超压沿着断裂垂向或侧向发生传递的地质背景。同时，现今地温梯度特征、流体包裹体均一温度差异和温度场演化模拟均表明整个渤中凹陷无明显的热异常现象，故在古近系泥岩地层中难以发生因温度升高致使地层中流体发生膨胀而引起超压（范昌育等，2014）。图 5–9 显示，渤中凹陷西南洼典型井区存在断裂传递型超压现象，实测压力点位于卸载曲线上，正常压实曲线趋势线呈“对数”曲线。应用超压传递计算公式计算，A1 井断裂传递的超压量为 3.89MPa，传递对超压的贡献达 8%。B2 井传递计算量为 0.86MPa，贡献率为 2%。进一步反映断裂的展布形态和时空配置关系较大影响了断裂传递超压的贡献效率。

2. 生烃增压

沉积有机质在经历一定埋深后发生热解，改变了干酪根和流体的相对体积，产生的压力即为生烃增压。模拟计算烃源岩生烃增压的方法较多，其中 PetroMod 模型不仅考虑了生烃增压的贡献，也考虑了沉积型超压的影响。考虑到本地区实际的超压成因机制类型，选取其评价渤中凹陷生烃增压的贡献。模型相关参数准备与选取见下节介绍。

渤中凹陷富烃深次洼烃源岩热演化和有机质转化率显示在 23Ma 烃源岩热演化和有机质转化率达到峰值。因此，本章重点将富烃深次洼源岩生烃增压的时间演化尺度放在 23Ma 后，分析烃源岩生烃增压的最大幅度及平面展布特征。模

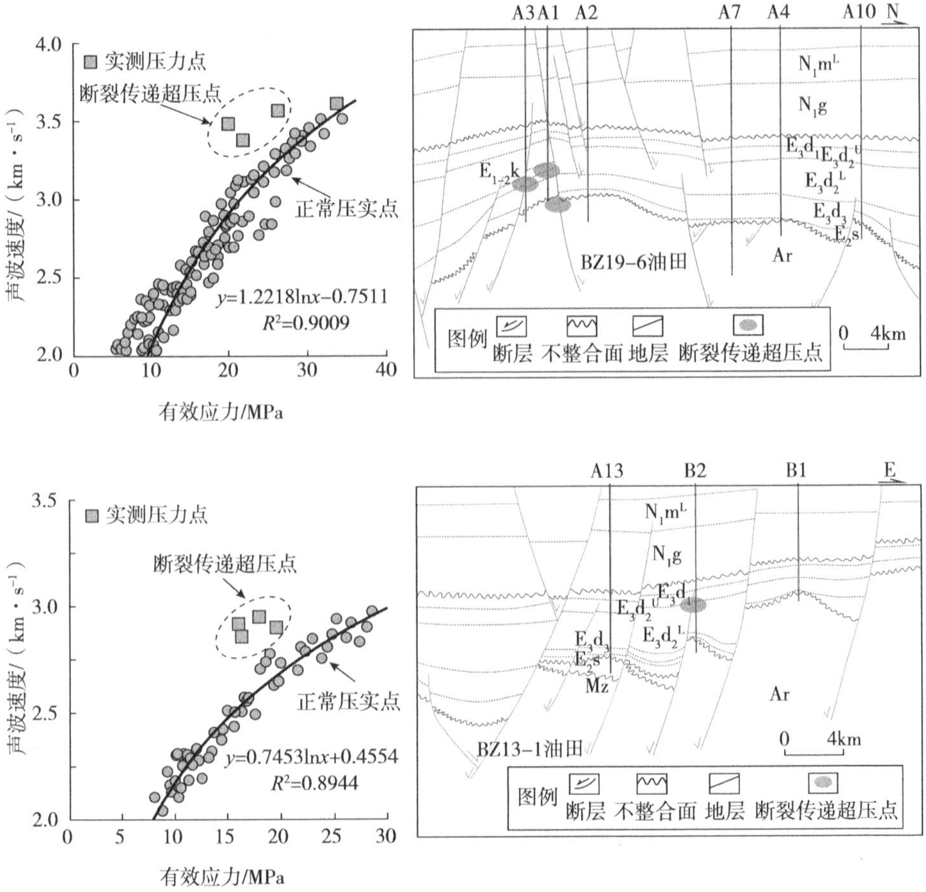

图 5-9 渤中凹陷典型钻井断裂传递型超压定性判识、定量计算与过井剖面

拟结果显示，渤中凹陷当前生烃增压幅度最大的时间为 12Ma，生烃增压平面演化与单井生、排烃结果，烃源岩实际演化和地质背景相吻合。主力烃源岩 E_3d_3［图 5-10（a）］、E_2s_{1+2}［图 5-10（b）］和 E_2s_3 段［图 5-10（c）］生烃增压幅度依次逐步增强，凹陷中心生烃增压幅度差异明显，E_2s_3 段主洼烃源岩生烃增压幅度最大，生烃增压最高可达 33MPa，西南洼次之，生烃增压最大为 24MPa，见图 5-10（c）。E_2s_{1+2} 段烃源岩在 C9 井区以东生烃增压幅度最大，为 14MPa，见图 5-10（b）。E_3d_3 段烃源岩在主洼生烃增压最大，为 21MPa，见图 5-10（a）。总体表现为，E_3d_3 和 E_2s_3 在主洼具有较强的生烃增压潜力，尤以主洼烃源岩生烃增压幅度达到峰值，E_2s_{1+2} 段在北洼处生烃增压较大，分布范围较小。

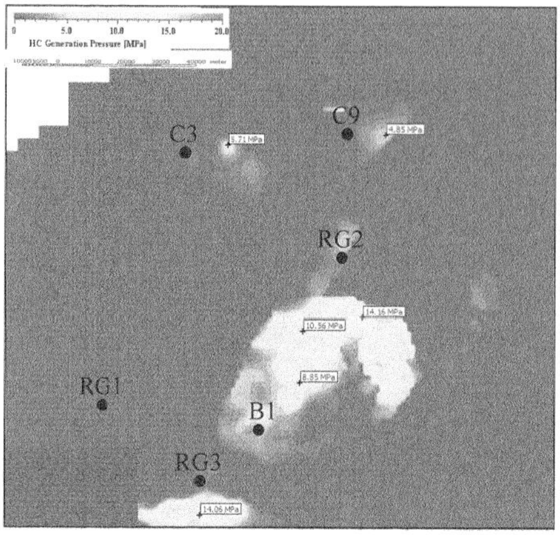

(a) E_3d_3

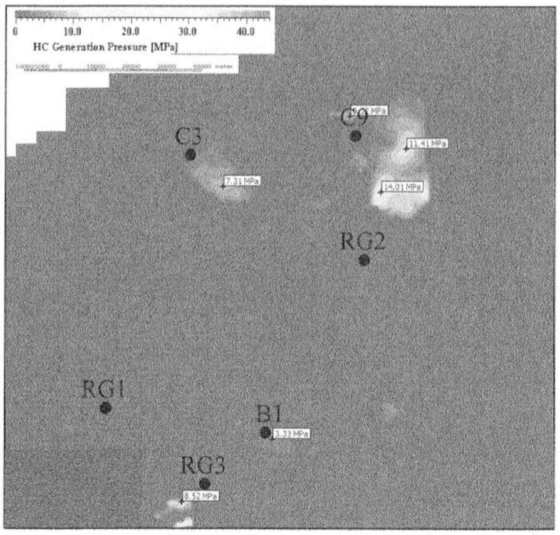

(b) E_2s_{1+2}

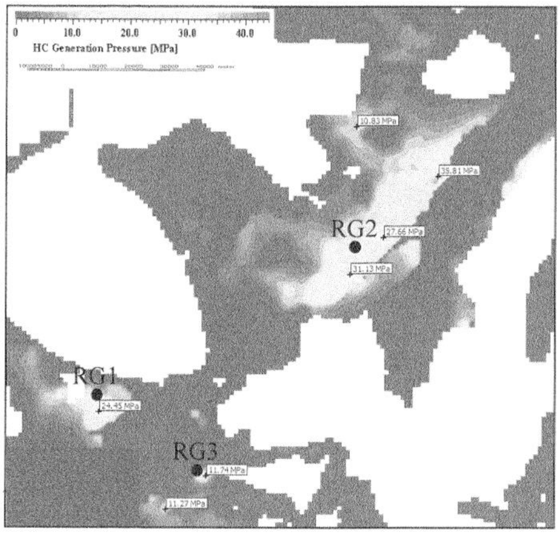

(c) E_2s_3

图 5-10　渤中凹陷主要烃源岩层段生烃增压平面展布

第二节
古压力场恢复

利用随钻测量和试油 / 气中温压测试标定现今温压模拟结果。在流体包裹体岩相学观察的基础上，利用流体包裹体均一温度及其反映的捕获温度恢复古温度、压力，目的是对古流体压力场恢复作一约束。

一、流体包裹体恢复古压力

1. 流体包裹体岩相学特征

根据渤中凹陷深层天然气井的分布范围、层位分布及其含气量差异，选择了26口典型取心井进行观察和描述。为了尽可能代表所有重要的地层单元，对渤中凹陷具有长取心和完整层位的A3井、A4井和A7井等6口井进行了取样。基于渤中凹陷西南洼深层油气储集空间类型为孔－缝型和裂缝型，本文重点剖析裂缝及与裂缝相连接的粒间溶孔胶结物的岩相学特征和赋存的流体包裹体。岩石薄片观察采用ZEISS Scope. A1双通道透射－反射光显微镜，不同物镜倍数（2.5倍、5倍、10倍、20倍、50倍、100倍）下观察岩相学特征及其胶结物类型。由于渤中凹陷深层潜山与古近系地层时间间隔长，二者间的沉积/剥蚀厚度、热史等均无法系统有效地恢复，因此，本文以对比潜山与古近系深层储层内流体包裹体岩相学特征的相似性为出发点，将反映深层潜山储层内的温度、压力等信息转化为利用古近系深层储层的流体包裹体进行替换，从而实现对渤中凹陷深层油气运聚成藏的研究目的。

显微镜下观察显示，渤中凹陷西南部深层潜山包裹体宿主矿物主要由石英［图5–11（a）、图5–11（c）］和长石［图5–11（e）］内裂纹及其节理缝构成。包裹体类型主要有发黄色［图5–11（b）］、黄绿色［图5–12（d）］、蓝色［图5–11（b）、图5–11（d）］和蓝白色［图5–11（f）］荧光的油包裹体、气态烃包裹体［图5–11（c）］和与其伴生的盐水包裹体，见图5–11，烃包裹体和伴生的盐水包裹体多数均呈串珠状分布，蓝色和蓝白色荧光油包裹体和气态烃包裹体最为发育，其个体较小，集中分布在3~12μm，多以长条状、椭圆状或不规则呈现。凹陷西南洼深层储层流体包裹体均显示有极为相似的岩相学特征，见图5–12，其中，各深层层段内均有不同程度的气态烃包裹体的发育，见图5–12（a）和图5–12（b）。发不同荧光颜色的油包裹体分布在石英颗粒微裂纹和穿石英颗粒上［图5–12（c）~图5–12（f）］，主要以发蓝白色和黄绿色荧光油包裹体和与其伴生的盐水包裹体为主，包裹体个体介于4~13μm，多呈椭圆状和长条状。岩相学特征对比结果显示，二者具有极好的继承性，同时均一温度特征表明温度分布区间和展布特征也具有较好的相似性。综合认为，可以利用古近系深层储层内流体包裹体特征来综合反映渤中凹陷深层古温度、压力和运聚成藏信息。

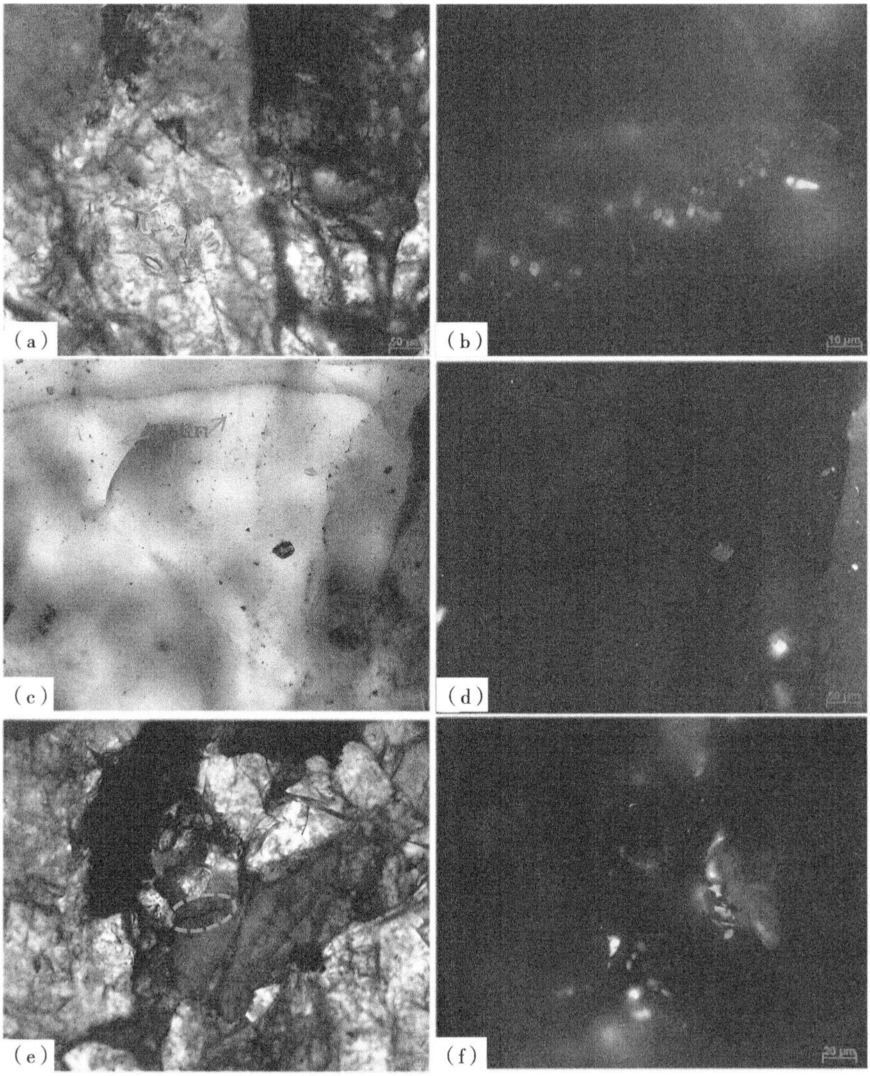

图 5-11　渤中凹陷西南部深层潜山储层流体包裹体岩相学特征

（a）透色光、（b）荧光：A7 井，4578.8m，太古界，混合花岗片麻岩，石英节理缝内见蓝色－蓝白色和黄色荧光油包裹体及与其伴生的盐水包裹体；（c）透色光、（d）荧光：A10 井，4429.8m，太古界，砂砾岩，石英颗粒内见大量的气态烃包裹体，绿色－蓝绿色荧光的油包裹体和与其伴生的盐水包裹体；（e）透色光、（f）荧光：A16 井，3957.9m，前寒武系，含砾粗砂岩，长石颗粒裂纹内见蓝白色－白色荧光油包裹体和与其伴生的盐水包裹体

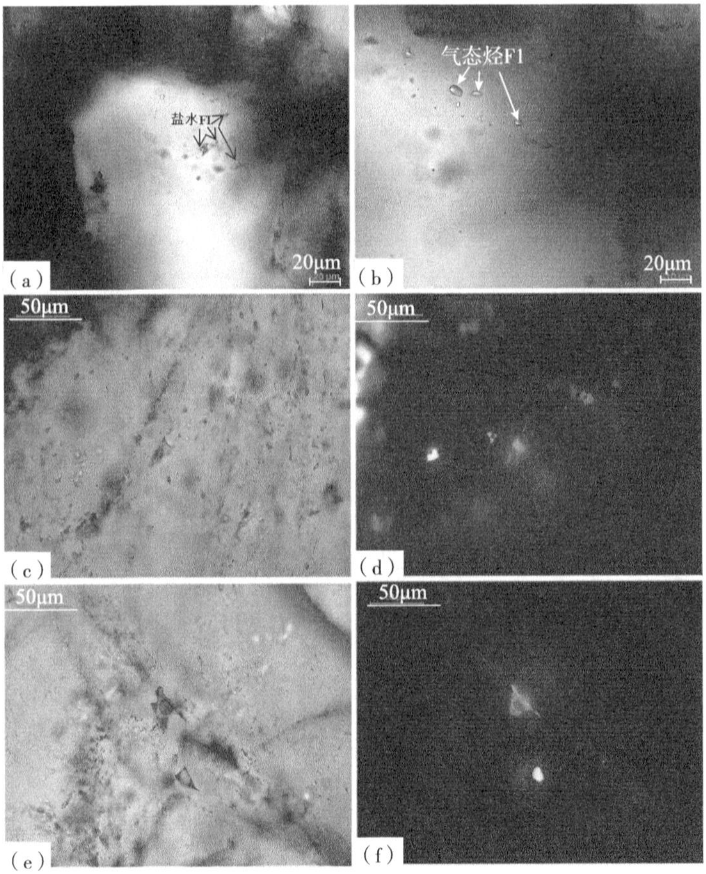

图 5-12　渤中凹陷西南部深层储层流体包裹体岩相学特征

（a）透色光、（b）荧光：A15 井，3209.7m，$E_3d_2^L$，含砾砂岩，石英颗粒内见气态烃包裹体及与其伴生的盐水包裹体；（c）透色光、（d）荧光：A1 井，3585m，$E_2s_3^L$，细砂岩，穿石英颗粒内微裂纹内见黄色、黄绿色和蓝白色荧光油包裹体和与其伴生的盐水包裹体；（e）透色光、（f）荧光：A1 井，3735m，$E_{1-2}k_2$，砂砾岩，石英颗粒内裂纹内见黄绿色荧光油包裹体和与其伴生的盐水包裹体

2. 古温度恢复

流体包裹体的捕获温度是指在宿主矿物成岩成矿时的温度、压力条件下捕获形成的温度，因此，需对流体包裹体均一温度作一校准后方能求取其捕获温度（卢焕章等，2004；陈勇等，2013），其校准公式为：

$$T = T_h + \Delta T \qquad (5\text{-}2)$$

式中，T 为捕获温度，℃；T_h 为盐水包裹体均一温度，℃；ΔT 为环境压力条件下均一温度校准值，℃。

应用真实温压条件下合成的烃类包裹体和盐水包裹体均一温度与捕获温度的差异建立了盐度为 5% 和 20% 的均一温度校准曲线（葛云锦，2010）来恢复古温度（表 5–2）。

表 5–2　渤中凹陷深层储层部分流体包裹体恢复古温度数据

井名	现今埋深 /m	层位	均一温度 /°C	冰点 /°C	盐度 /%	捕获温度 /°C
A2	3878	Ar	139.7	–9.30	20.82	160.00
A3	4055	Ar	183.0	–8.22	17.92	218.00
A14	2728	$E_3d_2^L$	133.1	–6.01	12.42	156.60
A14	2738	Ar	159.0	–4.90	9.85	187.00
A14	2738	Ar	158.5	–6.42	13.40	187.50
A15	3958	Pre- ∈	147.8	–4.37	8.66	173.00
A15	3953	Ar	143.4	–8.20	17.88	166.80
A16	4001	Ar	140.9	–6.25	12.99	165.40
A18	3201	Ar	181.1	–4.00	7.86	214.10
B2	4362	O	123.0	–3.20	6.17	144.00
D5	3664	E_2s_3	122.9	–4.20	8.30	144.00

3. 古压力恢复

应用流体包裹体 PVT 相图模拟法恢复古流体压力。图 5–13 显示出 AB 段为烃包裹体等容线，BC 段为与烃类包裹体伴生的盐水包裹体等容线，B 点为烃包裹体均一为液相温度点，Th_B 为烃包裹体均一温度点，Th_C 为与烃包裹体伴生的盐水包裹体均一温度点。

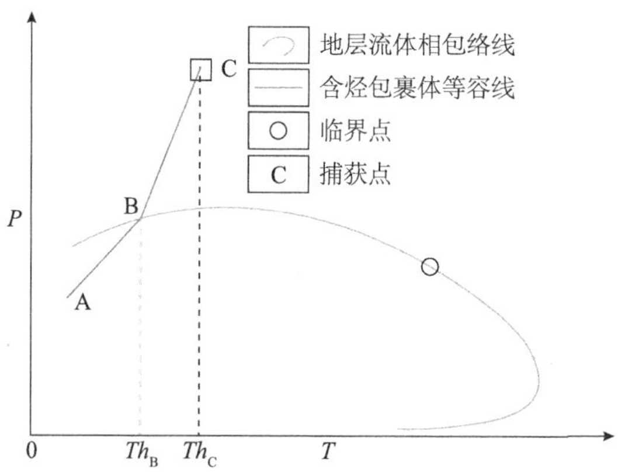

图 5–13　流体包裹体反映最小捕获压力示意（Munz，2001）

通过 PVT 实验数据，利用 PVTsim 软件计算出烃类相包络线。基于对裂缝中石英胶颗粒微裂纹的流体包裹体进行观察、测温，将获得的烃类包裹体和与其伴生的盐水包裹体均一温度录入 FLINCOR 程序（Steele-MacInnis 等，2012）中，获得烃包裹体和盐水包裹体等容线斜率。综合恢复各时期流体包裹体的捕获压力（表 5-3）。

表 5-3 渤中凹陷深层储层部分流体包裹体恢复古压力数据

井名	层位	烃类包裹体均一温度 /℃	盐水包裹体均一温度 /℃	烃类包裹体荧光颜色	孔隙流体压力 /MPa	剩余压力 / MPa	形成时间 / Ma
A7	Ar	130.5	150～160	蓝白色 + 气态烃	60～64	13～17	5.3～0
A2	Ar	143	150～160	蓝白色 + 气态烃	52～60	13～21	5.3～0
C4	$E_3d_2^L$	85～95	105～115	黄色	34～38	0.1～4.1	9.5～6
C4	$E_3d_2^L$	110～120	130～140	蓝白色	34～40	1～7	1.5～0
C2	$E_3d_2^L$	90～95	115～125	黄色	34～41	2.4～9.4	2.5～0.5

二、盆地模拟参数准备与选取

模型的合理性取决于研究人员对渤中凹陷地质背景的熟识程度和模型中关键参数的准备与选取（罗晓容等，2018）。因此，本文在对渤中凹陷构造演化阶段、沉积背景、油气藏地质特征等进行分析后，结合中国海油（天津）渤海石油勘探开发研究院提供的各个地层深度图、沉积相展布图、断裂纲要图和东营组沉积末的剥蚀厚度图等基础地质资料，对关键参数，如压实系数作详细准备与选取，以“孔隙度→压力→热史→算法”顺序为模型建立思路主线，建立渤中凹陷数值模型。

1. 压实系数的确定

由砂、泥岩各自的密度与孔隙度转换关系求出了全区 18 口井的孔隙度与深度关系曲线，见图 5-14，并以此为依据分析了渤中凹陷的压实特征。压实研究表明，欠压实现象通常在馆陶组中部开始出现，向上各地层处于正常压实带中，在 lnΦ-Z(深度）图上呈现直线关系，通过回归计算可得出各井的砂、

泥岩压实系数 c 值。

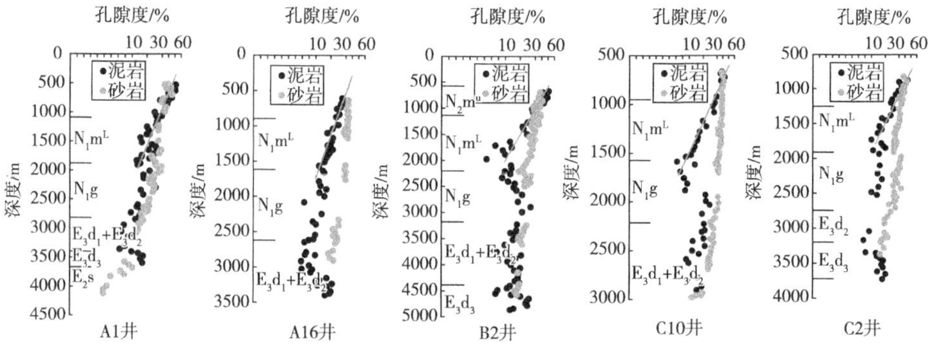

图 5-14 渤中凹陷不同井区典型钻井砂、泥岩计算孔隙度

由于实际地层很少由纯砂岩或泥岩组成，大部分是由不同比例的砂、泥组成的碎屑岩系，为了更准确地反映不同岩性组成地层的压实特征，以沉积相发育背景特征中的砂、泥岩含量为标准，按组合中岩性比例决定其对整个岩性段压实速率贡献大小的原则，求得每一种岩性组合层段的综合压实系数。

2. 砂、泥岩原始孔隙度的选取

根据 Beard 和 Weyl（1973）提出的等大球体颗粒原始孔隙度计算公式：$\varphi_0 = 20.91+22.9/$ 分选系数（S）来计算渤中凹陷各层位砂岩原始孔隙度值。基于铸体薄片分析结果，在显微镜下通过不同倍数对砂岩粒度进行实测分析，计算出各层段的分选系数（表 5-4）。公式计算出渤中凹陷各主要砂岩原始孔隙度值介于 35%～42%，其值差异较小，为计算方便，取原始孔隙度均值 40% 作为渤中凹陷砂岩原始孔隙度值。

表 5-4 渤中凹陷各储集砂体分选系数与原始孔隙度统计

序号	层位	分选系数范围（均值）	样品数	φ_0/%
1	N_1g	0.881～3.272（2.077）	2	37.9～46.9（40.4）
2	E_3d_2	0.549～6.807（2.378）	26	24.3～62.6（37.0）
3	E_3d_3	0.918～2.970（1.950）	4	28.6～45.8（35.4）
4	E_2s_{1+2}	0.533～6.131（2.021）	13	24.6～63.8（40.8）
5	E_2s_3	0.743～2.191（1.248）	11	31.4～51.7（41.6）

利用渤中凹陷不同井区典型钻井砂、泥岩计算的孔隙度－深度关系曲线反推至地表，近似得出砂岩原始孔隙度为 40%，泥岩原始孔隙度为 60%。

3. 原油地下密度

原油地下密度是油势计算中的重要参数，其值随温度和压力变化。依据在中海油（天津）渤海石油研究院收集到的 42 个原油地下密度数据，选取 32 个数据对原油密度在地下随温度压力变化进行线性回归，表示为：

$$\rho_o = -0.00257P - 0.00236T + 1.043121 \tag{5-3}$$

式中，ρ_o 为原油地下密度，g/cm^3；P 为地层孔隙流体压力，MPa；T 为地层温度，℃。

利用剩余的 10 个数据点对回归公式进行合理性检验。统计得出计算值与实测值相对误差 80% 数据点在 5% 以内，见表 5–5，该公式针对易挥发性原油密度计算相对误差控制在 10% 以内（个别情况除外），总体上，渤中凹陷原油密度变化可以以此公式表达。

表 5–5　渤中凹陷深层原油 PVT 物性与原油密度计算比较及相对误差分析

井名	深度 / km	层位	压力 / MPa	温度 / ℃	原油类型	地层油密度 / (g/cm^3)	计算原油密度 / (g/cm^3)	相对误差 / %
C4	1.15	N_2m^u	10.60	46.3	黑油	0.9274	0.9066	2.24
C10	3.12	Mz	29.37	134.8	黑油	0.6316	0.6495	2.84
B3	1.27	N_1m^L	11.97	66.5	黑油	0.8351	0.8554	2.43
BZ1–1	2.60	$E_3d_2^u$	26.29	79.3	黑油	0.7892	0.7884	0.10
CFD6–4	3.28	E_3d_3	31.01	116.9	黑油	0.671	0.6875	2.47
C6	3.35	E_3d_3	37.12	137.0	易挥发性原油	0.4709	0.5244	11.36
C5	3.32	Mz	33.85	114.2	黑油	0.6658	0.6866	3.13
CFD12–6	3.12	Mz	29.37	134.8	黑油	0.6316	0.6495	2.84
BZ23–3	3.05	Pz	26.10	131.7	黑油	0.6755	0.6652	1.52
A14	4.54	Ar	47.23	168.3	易挥发性原油	0.4769	0.5246	9.99

4. 其他参数选取

各地层年代依据图 2-3 来确定。岩石热导率和热流值参考表 5-1 数值（Hu 等，2001）。生烃动力学模型参考朱立文等（2020）。沉积水界面温度（SWIT）利用 PetroMod 软件中自带的算法，仅需输入渤中凹陷纬度即可。

三、模拟结果有效性验证

应用单井数值模拟结果与当前实测数据进行耦合对比，用于数值模拟结果的有效性验证。图 5-15、图 5-16、图 5-17 和图 5-18 分别显示了渤中凹陷部分井孔隙度、压力、镜质体反射率和温度的数值模拟结果与相应实测结果耦合，证实了模拟结果可信度较高。由于渤中凹陷西南洼深层天然气储层类型为裂缝型和孔 - 缝型储层，在对深层潜山储层孔隙度进行模拟时注意了裂缝对储层物性和压力的影响，利用实测含裂缝样品的物性分析与其所在深度进行了进一步标定，并将修正值应用于渤中凹陷的所有深层裂缝型储集层中。

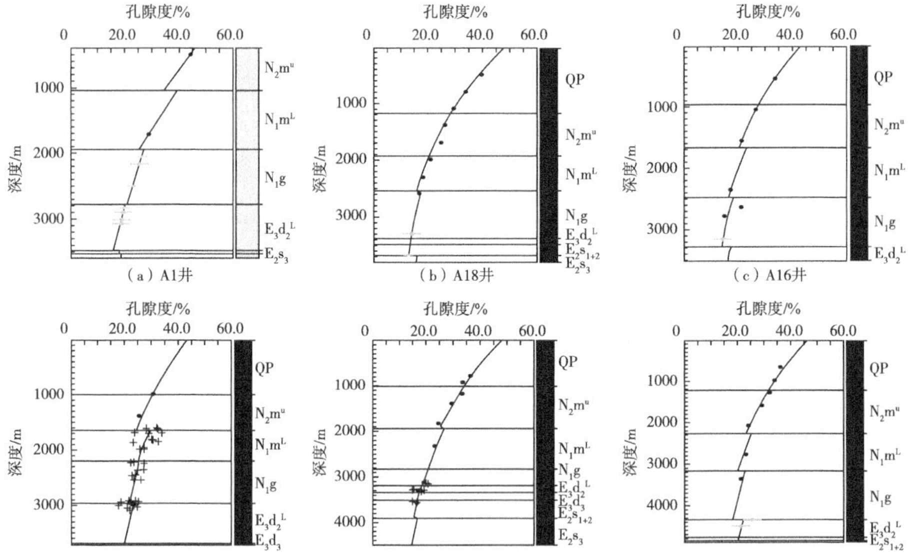

图 5-15　渤中凹陷孔隙度数值模拟与实测孔隙度耦合对比

（部分示意，圆点为计算孔隙度，十字和长线为实测孔隙度）

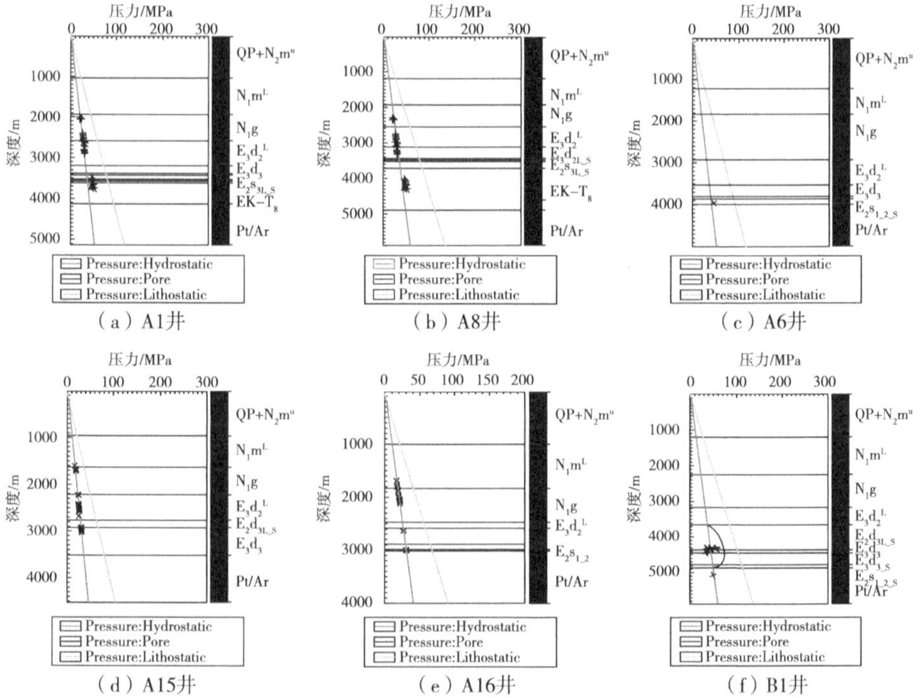

图 5-16　渤中凹陷压力数值模拟与实测压力耦合对比（部分示意）

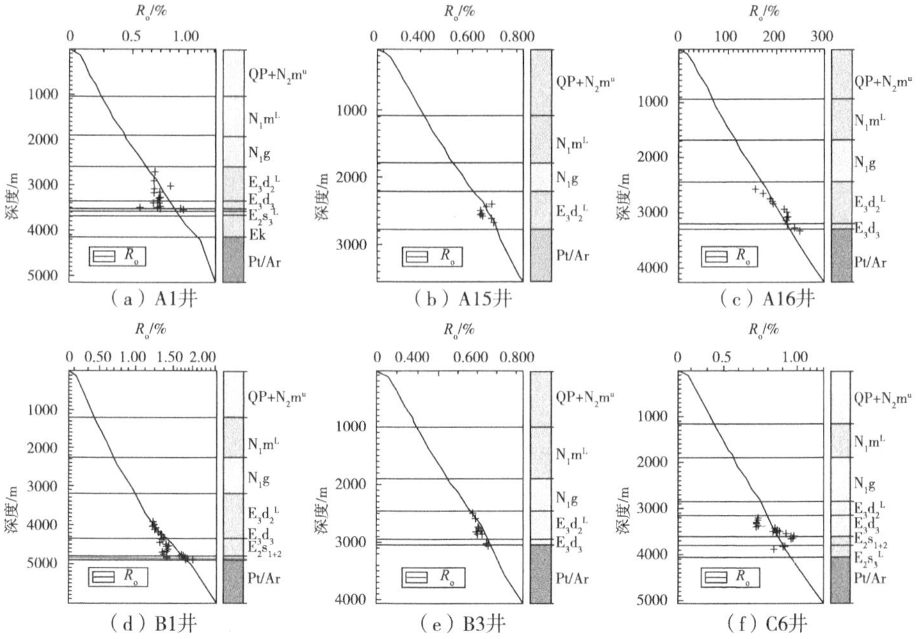

图 5-17　渤中凹陷 R_o 数值模拟与其实测值耦合对比（部分示意）

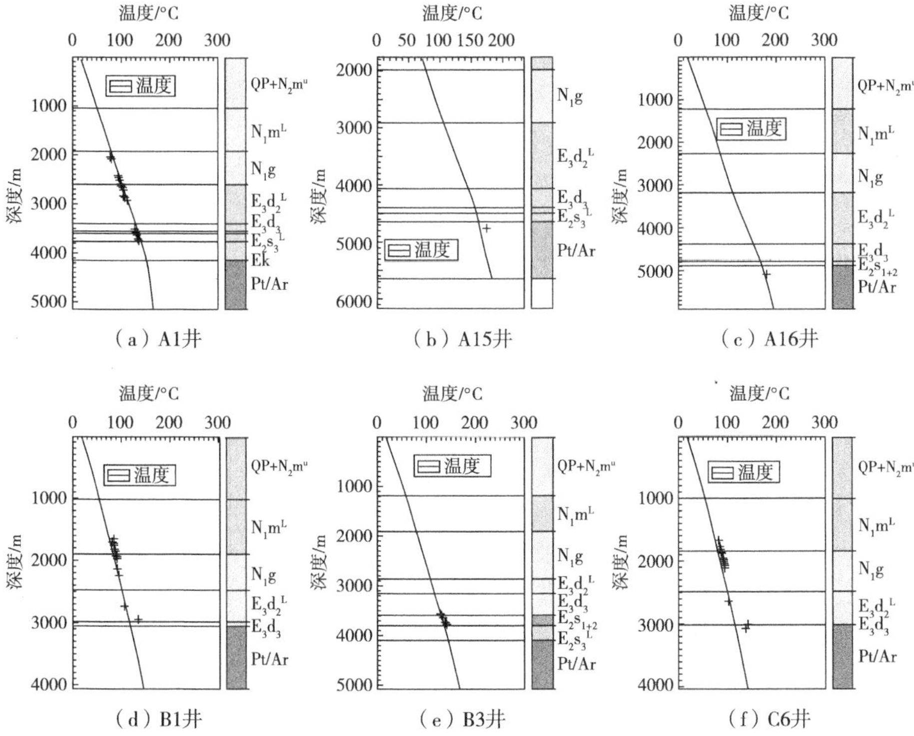

图 5-18 渤中凹陷温度数值模拟与实测温度耦合对比（部分示意）

第三节 流体动力场演化

一、垂向上流体动力场演化

凹 - 隆间垂向上的剩余流体压力演化是流体动力场演化和判识油气优势运聚核心。渤中凹陷西南洼 - 南洼 - 主洼的剩余压力演化剖面显示见图 5-19，不同时期的主洼和南洼剩余压力较西南洼高。其中，主洼最深处的典型剩余压力从 9.5Ma［图 5-19（a）］、5.3Ma［图 5-19（b）］至 0Ma（现今）［图 5-19（c）］依次变化为 38.3MPa、45.5MPa 和 57.0MPa；南洼剩余压力从

9.5Ma 至 0Ma（现今）依次变化为 18.9MPa、23.4MPa 和 32.7MPa；西南洼剩余压力从 9.5Ma 至 0Ma（现今）依次变化为 16.1MPa、19.7MPa 和 31.1MPa，见图 5-19。A 井区隆起带内剩余压力从 9.5Ma 至 0Ma（现今）依次变化为 12.1MPa、13.2MPa 和 26.3MPa；B 井区隆起内典型剩余压力点从 9.5Ma 至 0Ma（现今）依次变化为 13.1MPa、18.1MPa 和 28.8MPa，见图 5-19。凹-隆间的剩余流体压力演化与渤中凹陷宏观地质背景持续埋深，现今地层状态即为最大埋深期的地质沉积背景吻合。进一步印证，渤中凹陷各深次洼中沙河街组和东营组因欠压实与生烃增压共同导致现今剩余压力达到峰值，见图 5-19。各时期剩余压力整体特征显示富烃深次洼主洼最高，南洼次之，西南洼较弱，剩余压力由富烃深次洼高值区向低凸起带呈逐渐下降趋势。在剩余压力展布和压力演化趋势下，B 井区深层剩余压力沿优势路径向 A 井区递减。

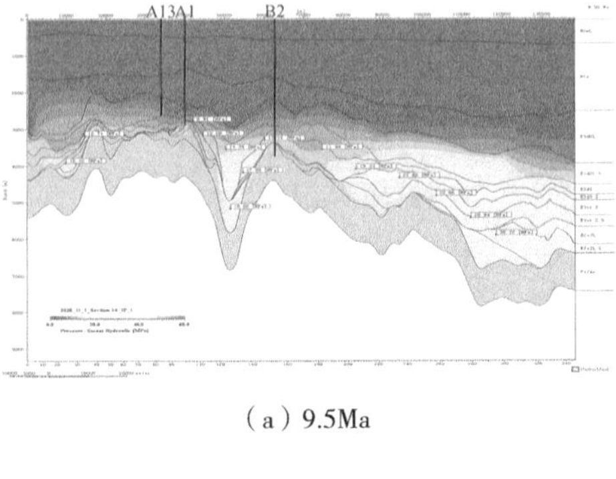

（a）9.5Ma

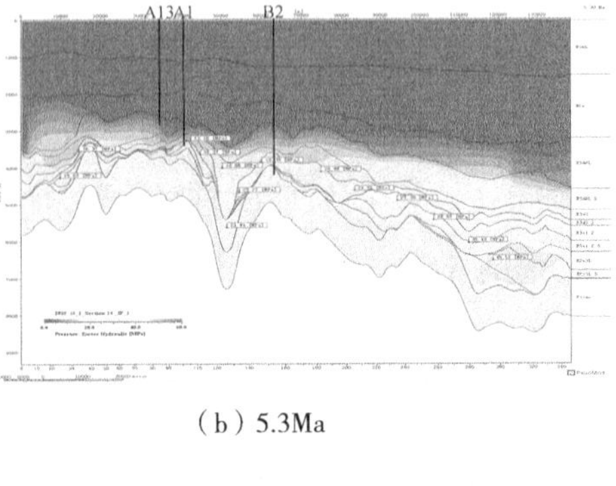

（b）5.3Ma

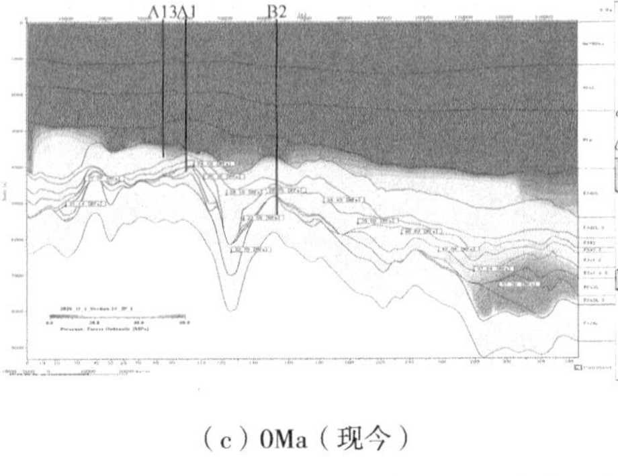

（c）0Ma（现今）

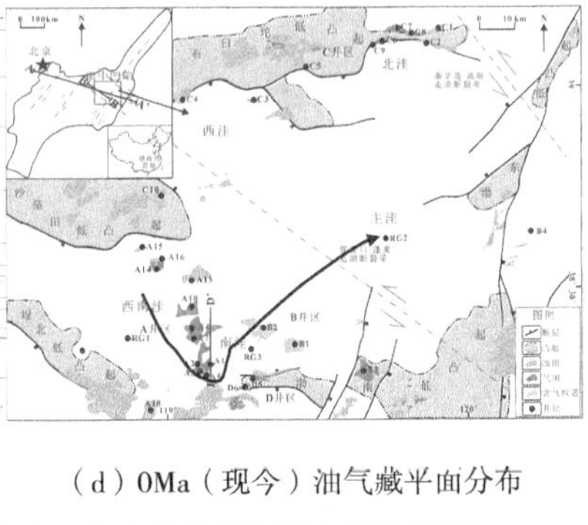

（d）0Ma（现今）油气藏平面分布

图 5-19　过渤中凹陷西南洼 - 南洼 - 主洼连井剩余压力演化剖面

二、平面上流体动力场演化

油势特征能够较好地展示出地下原油在流体动力驱动下的流动和汇聚状态（王震亮和陈荷立，1999；陈荷立，2012），其表达式可简单写成：

$$\Phi_o = gz + \frac{P}{\rho_o} \qquad (5\text{–}4)$$

式中，Φ_o 为单位质量的油势，g 为重力加速度，z 为计算点相对海平面的高程，P 为孔隙流体压力，ρ_o 为原油地下密度。

该公式较好地表达出原油运聚时所受浮力影响，且考虑了古高差对油气运聚的制约，可通过单位距离的油势梯度反映原油运移优势指向。鉴于渤中凹陷深层天然气主要为原油伴生气，尽管通过理论分析认为，存在晚期较高成熟天然气的幕式充注，但目前勘探揭示出的天然气类型仍以原油伴生气为主。因此，接下来本文重点针对原油进行较为深入的研究，以期揭示深层油气运聚成藏机制。

通过上述公式计算出渤中凹陷深层各演化时期的油势，在勾勒油势展布的基础上，计算出各演化时期的油势梯度。图 5–20 和图 5–21 显示，9.5Ma 在渤中凹陷西南部 A 井区及其以北与 B 井区东营组和沙河街组油势梯度均较小，其值普遍小于 50m/km，富烃深次洼主洼油势梯度最大，普遍在 140~190m/km，见图 5–20（a）、图 5–20（d）、图 5–21（a）和图 5–21（d），富烃深次洼南洼和西南洼油势梯度相当，见图 5–20（a）、图 5–20（d）、图 5–21（a）和图 5–21（d），且沙河街组油势梯度要比同时期东营组油势梯度大近 100m/km。5.3Ma 油势梯度整体上有增大趋势：E_3d_2 段变化幅度小（图 5–20b），E_3d_3 段和沙河街组主洼油势梯度增大了 0.5~0.8 倍，南洼和西南洼油势梯度增幅较小，仅为 0.2~0.5 倍，见图 5–20（b）、图 5–20（e）、图 5–21（b）和图 5–21（e），其中 E_3d_3 段油势梯度增幅较为明显，见图 5–20（e）。现今（0Ma）油势梯度在 A 井区 E_3d_2 段相对最小，见图 5–20（c），其余层段油势梯度变化趋势相当，在沙河街组层段 A4 井区油势梯度相对较大，见图 5–20（c）、图 5–20（f）、图 5–21（c）和图 5–21（f）。

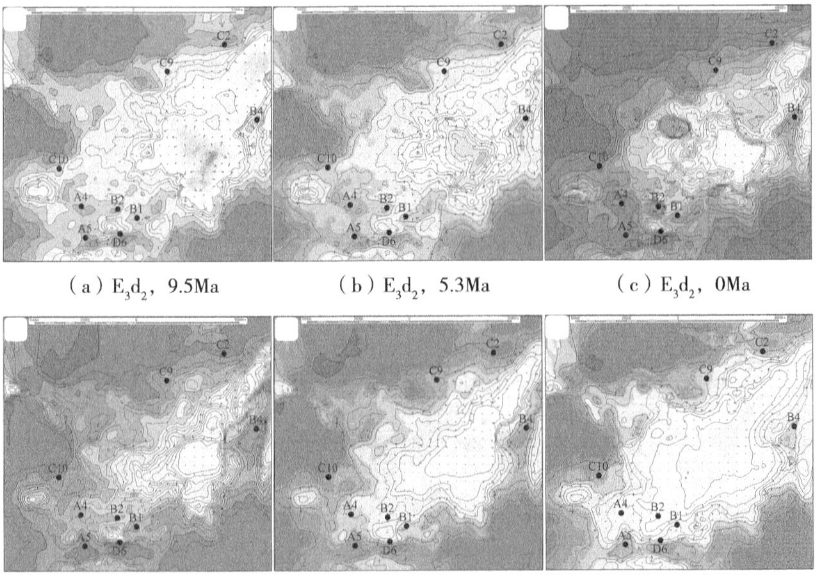

(a) E_3d_2，9.5Ma　(b) E_3d_2，5.3Ma　(c) E_3d_2，0Ma

(d) E_3d_3，9.5Ma　(e) E_3d_3，5.3Ma　(f) E_3d_3，0Ma

图 5-20　渤中凹陷东营组各演化时期油势梯度展布特征

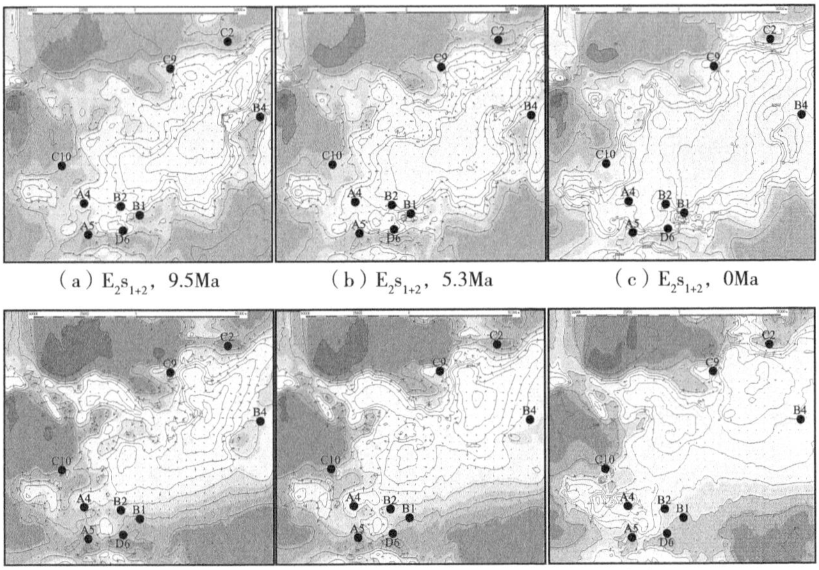

(a) E_2s_{1+2}，9.5Ma　(b) E_2s_{1+2}，5.3Ma　(c) E_2s_{1+2}，0Ma

(d) E_2s_3，9.5Ma　(e) E_2s_3，5.3Ma　(f) E_2s_3，0Ma

图 5-21　渤中凹陷沙河街组各演化时期油势梯度展布特征

渤中凹陷深层油势梯度呈逐渐变化，见图 5-20 和图 5-21，在约 5.3Ma

以来油势梯度达到最大，该时期原油充注活动也最为活跃。由于渤中凹陷主体为坳陷型沉积背景，以沉积型垂向压实产生超压为主，凹陷周缘低凸起带的埋深有所差异，沉积型产生超压增幅也各不相同。通常表现为在凹陷中心处由于沉积速率大，产生的流体增压多，在不同演化时期内，同一层位由于沉积速率和地形起伏的变化也会导致油势发生改变。

第四节 流体动力对油气运聚成藏的影响

一、泥岩压实计算的剩余压力对油气运聚的影响

过西南部典型钻井剩余压力剖面图显示（图 5-22）其剩余压力范围为 12～20MPa，超压层位显著出现的层位是在 $E_3d_2^u$ 以下，A2Sa 井和 C2 与 C3 井间呈现出剩余压力大于 20MPa 的超压封隔体，超压封隔体的形成致使油气向压力减小的方向运聚，在 A1 井、A13 井和 A14 井中均有不同规模的

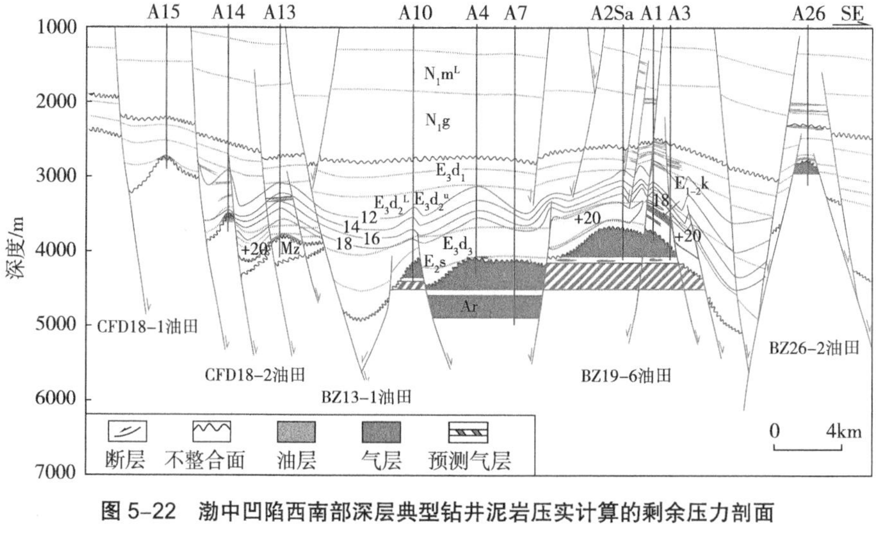

图 5-22 渤中凹陷西南部深层典型钻井泥岩压实计算的剩余压力剖面

油气聚集成藏。A1 井孔店组发育了一个低于 18MPa 的超压封隔体，这一低超压封隔体的形成可能源于断裂传递超压，低超压封隔体与大于 20MPa 的超压封隔体的压力差以及断裂传递的综合效应使得 A1 井发生规模运聚成藏。

二、数值模拟的剩余压力对油气运聚的影响

前述章节研究表明，渤中凹陷西南洼、南洼和主洼是渤中凹陷西南部深层油气的主力烃源岩。过西南洼 – 南洼 – 主洼连井剖面显示主洼和南洼烃源岩中剩余压力明显增大，见图 5–22。主洼现今剩余压力最大，从主洼烃源岩底部向上至 A 井区储集层中剩余压力依次变化为 58.3MPa → 46.8MPa → 37.6MPa → 25.9MPa → 24.5MPa。南洼剩余压力次之，向上至 A 井区储集层中剩余压力依次变化为 34.0MPa → 32.1MPa → 27.5MPa → 24.5MPa。西南洼至 A 井区剩余压力变化较小，依次为 31.9MPa → 25.1MPa → 24.5MPa。剩余压力的变化表明渤中凹陷西南部深层油气的运聚主要由主洼和南洼富烃源岩生、排烃后运移至此，西南洼对 A 井区的贡献相对较弱。

流体动力场演化显示 A 井区接受来自主洼、南洼和西南洼的多源深次洼供烃，见图 5–22，同时，较厚的上覆泥岩封闭层封盖使得 A 井区的温压高于其他井区。B 井区介于主洼和南洼之间，有着较好的自身优势和位置优势，自身优势是指钻井揭示 B 井区深层主要发育碳酸盐岩，其储层物性较好，孔隙主要为裂缝型和溶蚀孔、洞型（周心怀等，2017），因此剩余压力在此得以发生“中转”。深部流体在该井区发生了较为彻底的热交换，裂缝早期充填的方解石被后期酸性流体溶蚀，增大了裂缝的渗流能力，见图 4–13（c）和图 4–13（d）。位置优势是指该井区位于深层油气优势运聚路径上，二者耦合得以最终在此富集成藏。总之，渤中凹陷西南部 A 井区和 B 井区如此流体动力场特征和演化趋势表明凹陷各深次洼富烃主力烃源岩生、排的油气向着低凸起带发生运聚，位于深层储层上面具有较高剩余压力的泥岩封闭层使得运移至储层中的油气规模成藏。

第六章

油气运聚过程与成藏机理

油气运聚过程和成藏机理反映了油气随时、空演化的作用过程，是优选勘探目标的理论基础。基于充注时间和运移方向，探究输导体系与流体动力联合控制下的运聚成藏过程。多地化参数和源岩地化指标示踪油气优势运移指向。通过流体包裹体类型和荧光定量指标揭示深层油气充注历史。借助流体驱替物理模拟实验和油气运聚数值模拟探究油气成藏过程，总结、建立油气运聚成藏模式。

第一节 输导体系与流体动力联合控制下的油气运聚成藏过程

一、充注时间

与烃类包裹体伴生的盐水包裹体均一温度结合单井埋藏史和热演化史是确定油气充注时间较为经典的方法（白玉彬等，2014；王震亮等，2016）。然而，该方法不仅受单井埋藏史和热演化史模型中输入参数准确性的制约，同时，渤海湾盆地渤中凹陷深层储层经历了中－高温深部流体活动事件，此时包裹体均一温度能否代表油气充注时的温度还有待进一步商榷。原因如下：

（1）渤中凹陷位于郯庐走滑断裂、张家口－蓬莱断裂和秦皇岛－旅顺断裂的转换带位置，见图 2–1，该构造背景导致渤中凹陷处于渤海湾盆地地壳厚度较薄区，地层最薄处仅有约 25km（朱伟林和米立军，2010）。

（2）古近纪大量发育了向心深大断裂，和壳幔深度内的底辟机制共同作用于温度场，见图 2–2。物理模拟和数学模型证实了深部流体在断裂体系背景下主要受热传导影响（许鹤华等，2000；Scheck 和 Wenderoth，2014）。不同构造形态使岩石的导热系数在垂直和水平方向上进一步发生变化，折射后热流重新分布（熊亮平和张菊明，1984；张以明等，2017）。高地温梯度与高热阻泥岩盖层和高热导性基岩形态呈正相关（陈墨香等，1984；王一波等，2019）。上述特殊的动力学机制、构造背景、热传导机制和深部地层结构等因素耦合，导致渤海湾盆地渤中凹陷地热通量较高。渤中凹陷内平均地热流量为 60～65mW/m^2，但在凹陷周围较低隆起区域，可能超过 70mW/m^2（朱伟林，2009）。

（3）深部流体的热异常事件具有“幕式”特征，可通过古温度指标记录反映这一事件的发生，如裂变径迹（马静辉和何登发，2019）、磷灰石 / 锆石（U-Th）/He（冯乾乾等，2018）、R_o（任战利等，2017）和流体包裹体（Parnell 等，2005），若热异常事件发生时间较短（小于 100 年），裂变径迹和 R_o 中的流体记录不明显，而流体包裹体可捕获这些显微记录（Ping 等，2019）。因此，含烃的深部流体通过断层和底辟作用从深埋烃源岩运聚至深层储层内可能因为热对流 / 传导 / 扩散导致包裹体记录的温度受到热干扰，使得同时期的流体包裹体记录油气充注时的温度偏高。

基于上述分析可知，渤中凹陷流体包裹体均一温度在不同程度上均要高于地层所经历的最高古温度。因此，通过流体包裹体均一温度与埋藏史和热演化史耦合分析油气充注时间是不合理的。流体包裹体捕获异常温度的同时，其所在地层也经历了类似的高温事件，在同一储层单元内，可近似当作同一热事件引起的相同温度异常，而地层埋藏深度却不随温度的增加而变化。因此，利用包裹体捕获温度，结合地温梯度计算古埋深，可以通过古埋藏深度与渤中凹陷典型单井的埋藏史耦合分析深层油气充注时间。

1. 地温梯度

渤中凹陷西南部典型钻井揭示的地温梯度与盆地模拟结果差异较为明显，导致此类结果差异的原因可能是尽管数值模拟考虑了整个渤中凹陷经历的温压等条件，但 PetroMod® 模拟软件尚未完全考虑到深部流体活动引起的局部热异常差异。因此，在调整参数适合于整个渤中凹陷的温度背景下，造成局部区域的地温梯度仍旧偏小。鉴于渤中凹陷深层储层在不同时期均不同程度地经历了深部流体的热异常事件，选取典型钻井中油气层实测地温梯度值作为各个井区的最大地温梯度值，以便探究各井区深层油气成藏时间差异性。

2. 古埋深

古埋深是指流体包裹体被捕获时相对于某一基准面的埋藏深度（陈勇等，2013）。多期次构造运动升降和地层剥蚀使得现今埋深不能完全代表流体包裹体被捕获时的埋深（刘斌和沈昆，1998；陈勇等，2013）。利用流体包裹体所在地层的地温梯度和流体包裹体的捕获温度来求取古埋深（表 6–2），即：

$$H = [(T-T_0)/G] \times 100 \tag{6–1}$$

式中，H 为古埋深，m；T 为包裹体捕获温度，℃；T_0 为古地表温度，℃，取 10℃（陈勇等，2013）；G 为古地温梯度，℃ /100m。

3. 充注时间

基于不同颜色荧光的油包裹体所反映原油充注的早晚期特性，应用流体包裹体组合（FIA）方法（Ping 等，2019）判识和检测同一组成岩环境条件下捕获的流体包裹体，利用与烃类包裹体伴生的盐水包裹体捕获温度来作为渤中凹陷深层油气充注时的温度。考虑到渤中凹陷深层太古界地层埋藏史难以恢复，主要探讨了深层 E_3d_1 段深储层内的油气成藏时间。单井埋藏史的恢复参数主要参考了 3D 模型中的相关参数（赵子龙，2020）。

典型单井埋藏史和热演化史模拟结果显示，渤中凹陷西南洼经历了早期原油运聚充注，于 9.5Ma［图 6–1（b）］、8.5Ma［图 6–1（c）］和 5.3Ma［图 6–1（a）］先后集中发生原油运聚。A1 井深层天然气投影显示渤中凹陷深层天然气运聚发生在 5.3Ma 以来，见图 6–1（a），油气源对比显示和天然气性质表明，西南洼深层天然气主要是来自沙河街组优质烃源岩的贡献。北洼深层原油发生充注期是 8.5Ma 以来，见图 6–1（d），与西南洼成藏期相比，二者之间的运聚时间有重叠部分。进一步表明渤中凹陷西南部深层油气不仅有主洼和南洼烃源岩的早期原油供烃，而且还有渤中凹陷主洼烃源岩晚期生、排烃类的贡献。

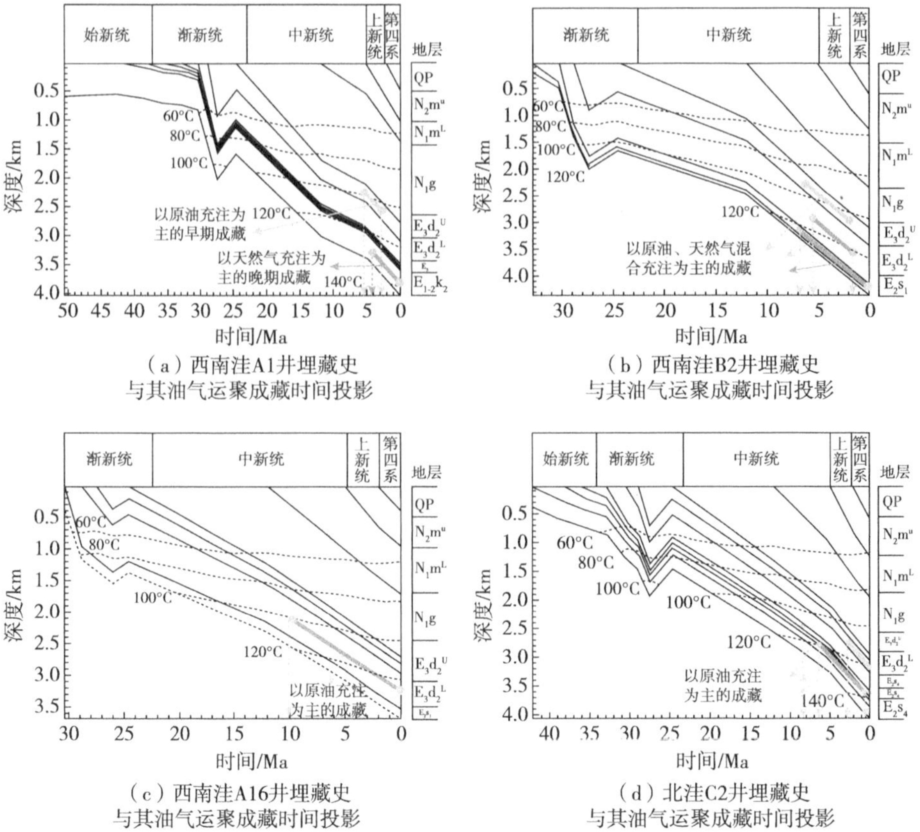

（a）西南洼A1井埋藏史与其油气运聚成藏时间投影

（b）西南洼B2井埋藏史与其油气运聚成藏时间投影

（c）西南洼A16井埋藏史与其油气运聚成藏时间投影

（d）北洼C2井埋藏史与其油气运聚成藏时间投影

图 6–1 渤海湾盆地渤中凹陷各次洼典型井充注时间综合示意

二、运移方向

已通过多证据链条证实了深层油气富烃源岩类型、层位以及来源（赵子龙，2020）。渤中 19–6 构造深层油气来自主洼、南洼和西南洼富烃源岩生排烃后，经较长距离运移成藏，见图 6–2。图 6–2 显示，主洼和南洼优质烃源岩生、排的原油和天然气沿着高渗岩体和断层，向剩余压力减小的方向发生长距离规模运聚成藏。B 井区距烃源岩较近，其深层储层一方面有南洼和主洼高成熟烃源岩的贡献，另一方面，在长距离运聚过程中由于地层的吸附效应，大分子烃类滞留在输导体系中，综合产生的运聚效应是 B 井区多数为天然气运聚成藏或含气构造，见图 2–3。A 井区上覆发育巨厚的泥岩封闭层，使得该区域局部发育多个含油气系统。以上分析结果均与深层探评 B2 井、A1 井和 A13 井钻遇层位和油气综合测试结果一致。

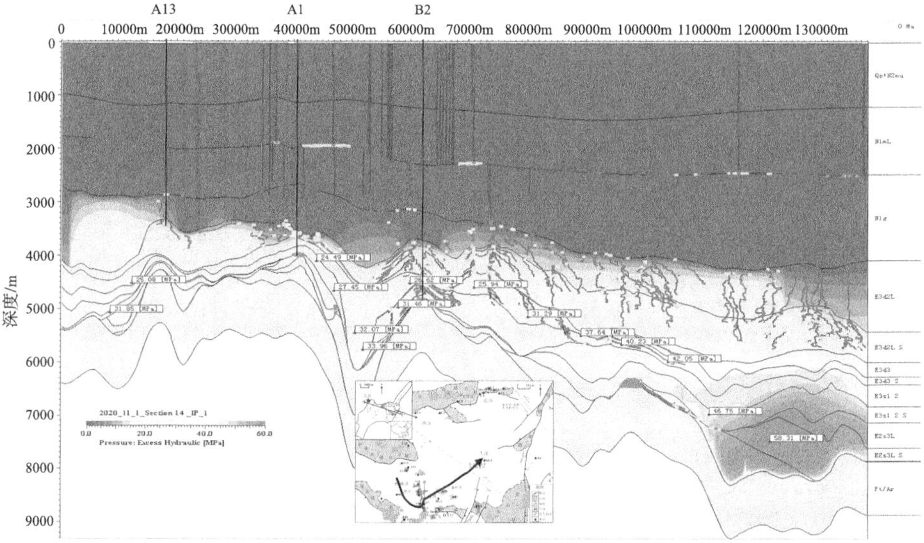

图 6–2　渤中凹陷过西南洼 – 南洼 – 主洼连井剩余压力背景下油气运聚剖面

图 6–3 显示，来自南洼和主洼深层源岩生排的油气，在剩余压力的驱动下，沿活化的断层 – 北东向裂缝 – 高渗岩体 – 不整合面向着剩余压力减小的北东 – 南西向发生优势运聚成藏。B 井区中的 B1 井位于南洼和主洼间的优势

运移路径，且深层奥陶系储层日产天然气 $40.2\times10^4m^3$，成功揭示了富烃主洼烃源岩规模生烃能力和深层天然气优势运聚效率。D 井区中 D6 井主要以南洼生油供烃为主，如图 6-3 所示，天然气沿着断层发生运移，且在地表发生溢散，无良好的封闭层得以聚集成藏，使得 D6 井区深层形成了以原油运聚成藏为主、天然气聚集为辅的油气藏类型。

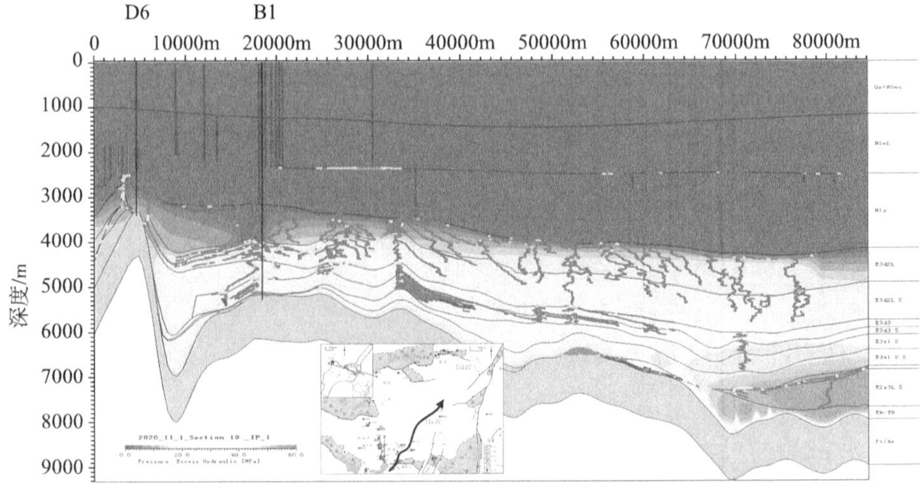

图 6-3　渤中凹陷西南部过南洼和主洼连井剩余压力背景下油气运聚剖面

A 区以北的 A14 井区尚未经历天然气规模充注，仅显示有原油发生运聚，模拟结果与实际钻探情况一致。这一差异运聚成藏的原因主要归结为 A14 井区的主要供烃区为西南洼，而西南洼自 9.5Ma 以来主要以生油为主、生气为辅，使得 A14 井区以原油运聚成藏为主，天然气主要为原油伴生气零星聚集。A13 井区目前钻遇油气藏类型全部为油藏，其主要供烃区为富烃主洼，在生、排烃后长距离运聚成藏，鉴于该地区封闭层封盖能力弱，造成运聚于此的天然气大量溢散，见图 6-4。B2 井区位于主洼生、排烃后的优势运移路径上，同时得益于上覆泥岩封闭层较好的封盖能力，使得晚期运聚的天然气得以聚集，与 B1 井区相比，后者的供烃区仅为主洼，难以规模成藏，勘探揭示仅为含气构造，见图 6-3。

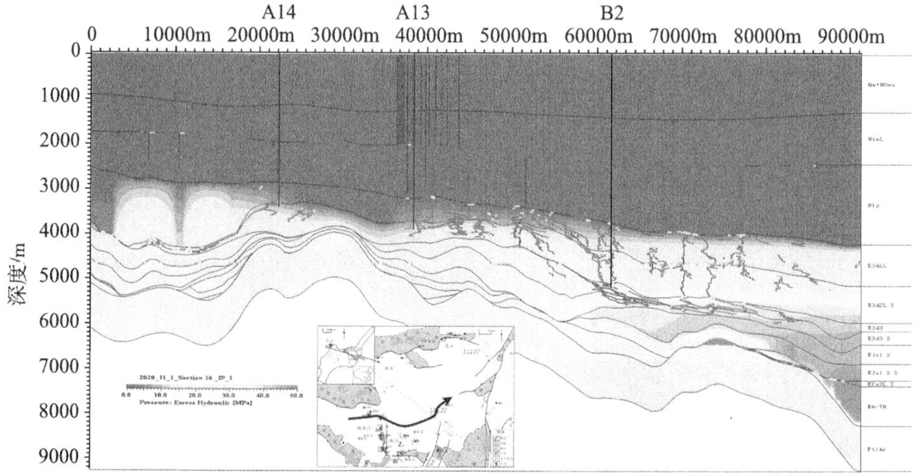

图 6–4　渤中凹陷西南部过西南洼和主洼连井剩余压力背景下油气运聚剖面

三、优势运聚区域

1. 油势特征判识原油优势运聚区域

原油充注时间显示为自 9.5Ma 以来发生规模充注至今，因此利用现今油势平面展布，结合钻井揭示的油气分布预测优势运聚区域是最为合理的解决方案。图 6–5 为利用三维数值模拟计算出整个渤中凹陷的孔隙流体压力，整合先前计算的地下原油密度计算出渤中凹陷现今深层优势平面分布（赵子龙，2020）。图 2–3 和图 6–5 整体表现出现今的油气藏展布主体分布在新构造运动以来原油运移指向的低油势区间范围内，在原油发生侧向运移过程中，低油势梯度呈驱动原油的剩余压力降低，易于原油发生聚集成藏，从整个渤中凹陷范围来看，油气分布多集中在低油势梯度的低凸起带附近（图 6–5）。图 6–5 平面显示，深洼富烃中心与低凸起带运聚区域存在高油势区，这表明原油在局部沿断层呈现垂向运移聚集。综合来看，平面和垂向上剩余压力的大幅增长强化了原油向低油势区域的运聚，显著地提升了原油优势运聚效率。

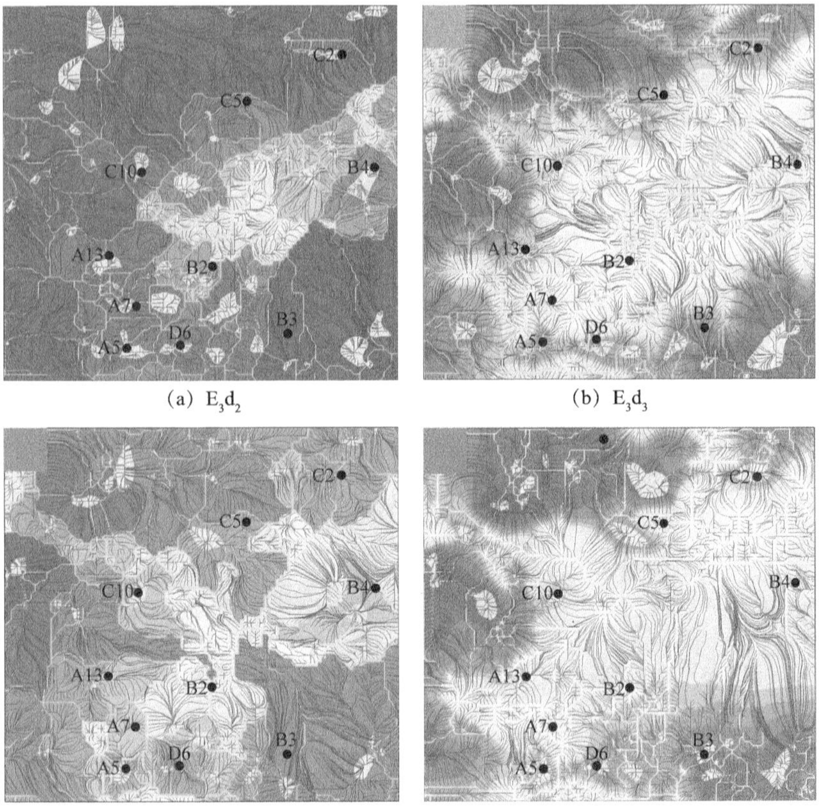

(a) E_3d_2　(b) E_3d_3

(c) E_2s_{1+2}　(d) E_2s_3

图 6-5　渤中凹陷深层储层现今油势展布特征

2. 运移算法模拟指示优势运聚区域

“Darcy（达西）”运移算法优势主要体现在能够较好地对高渗岩体进行运移模拟；“IP（逾渗）”运移算法是 PetroMod® 模拟软件特有的运移算法，该算法不仅考虑了高渗岩体和不整合面的输导作用，而且考虑了断层对油气运移的高效输导能力；“Hybrid（混合）”运移算法不仅考虑了高渗岩体的输导性能，而且兼顾断层和不整合面对油气运聚的影响。因此，基于油气成藏实际地质背景，分别利用“IP（逾渗）”（图 6-6）和“Hybrid（混合）”（图 6-7）运移算法对油气运聚成藏进行模拟反演，用以结合油势展布特征，综合判识渤中凹陷深层优势运聚区域。

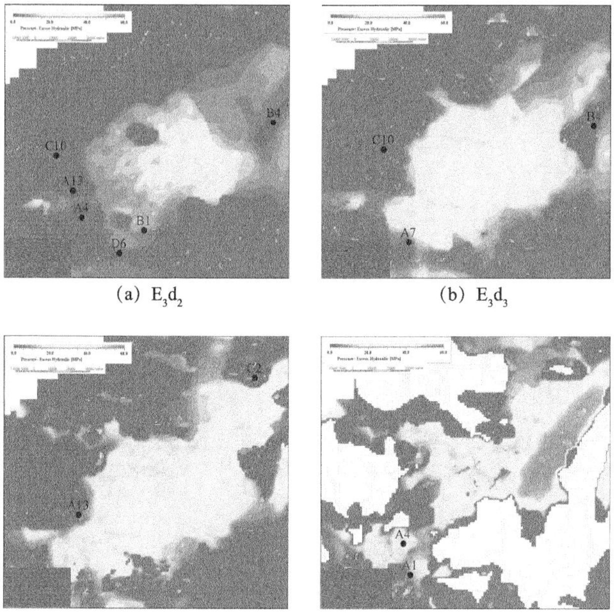

(a) E_3d_2　　(b) E_3d_3

(c) E_2s_{1+2}　　(d) E_2s_3

图 6–6　渤中凹陷“IP（逾渗）”运移算法模拟指示原油的优势运聚区域

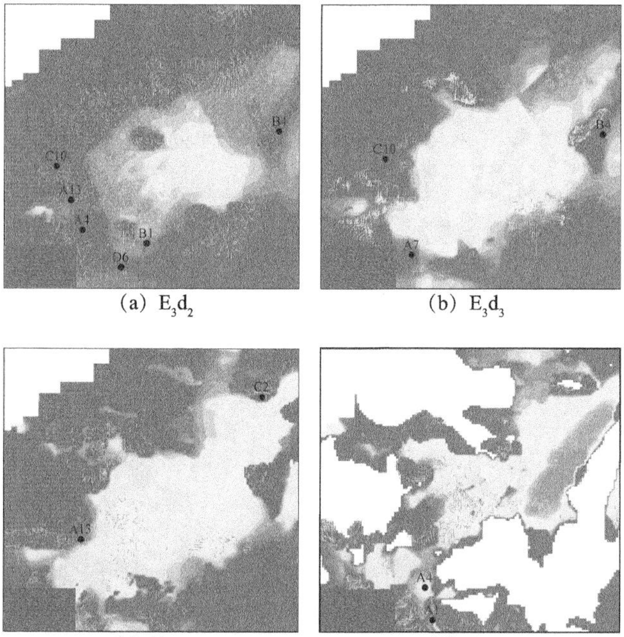

(a) E_3d_2　　(b) E_3d_3

(c) E_2s_{1+2}　　(d) E_2s_3

图 6–7　渤中凹陷“Hybrid（混合）”运移算法模拟指示的优势运聚区域

图 6–5（a）、图 6–6（a）、图 6–7（a）均显示 A13 井区在原油优势运聚区域的外侧，同样钻井揭示 A13 井 $E_3d_2^L$ 段产油量为 0；D 井区为原油优势运聚区域，D6 井揭示在东营组层段试产油为每天 47.8m^3；C10 井区为原油优势运聚区域，C10 井钻井揭示 $E_3d_2^L$ 段产油量为每天 202.6m^3；B4 井区为原油优势运聚区域，图 6–6 和图 6–7 显示，B4 井区仅为原油优势运移通道，无原油运聚成藏，钻井揭示其 $E_3d_2^L$ 段仅产气 87L，无工业油流。图 6–5（b）、图 6–6（b）、图 6–7（b）显示 A7 井区以北见小部分原油优势运聚区域，在其位置钻井揭示日产油 174.82m^3；C10 井区正上方见数个块状原油优势运聚区域，钻井揭示有工业油流，其中一口井试油日产 4.2t。图 6–5（c）、图 6–6（c）、图 6–7（c）均显示 A13 井区位于优势运聚路径，钻井揭示有近 380m^3/d 的工业油流产能；C2 井区位于优势运聚路径，且见有运聚区域，C2 井揭示在 E_2s_{1+2} 层段上有 341.7m^3/d 的工业油流产能。图 6–5（d）、图 6–6（d）、图 6–7（d）显示 A 井区在 E_2s_3 层段上有两大优势运聚区域，同样，A1 井钻井揭示在 E_2s_3 层段上有 73.24m^3/d 的工业油流产能，A4 井在 E_2s_3–Ar 层段中有 305.16m^3/d 的工业油流产能。

综上，根据油势展布特征和先进算法模拟、运移方向、输导体系与流体动力联合控制下的原油优势运聚区域判识应满足如下条件：①距离生烃中心近；②输导体系耦合程度高；③剩余压力减小的方向与输导展布相同；④基于低油 / 气势背景下。

在满足上述条件的前提下，渤中凹陷西南部深层优势运聚区域 1 为 A 井区的中东部。A 井区是揭示渤中凹陷深层油气具有巨大潜力的勘探区，距主洼、南洼和西南洼近，输导体系发育且匹配度高，沿富烃深次洼剩余压力减小的方向，即在 A 井区中东部，低优势展布背景下，加之深层储层上覆发育一套超压泥岩封闭层，得以使运聚在 A 井区的深层油气较完整地保存。因此，该区域极有可能仍是渤中凹陷西南部深层最具潜力的地区。

渤中凹陷西南部深层优势运聚区域 2 为 B 井区以深和其中东部的有利圈闭。尽管 B 井区目前深层揭示仅为奥陶系碳酸盐岩，但由于其距主洼烃源岩相较 A 井区更近，中 – 高温深部流体活动极大地增加了碳酸盐岩储集层的储集性能，进而改善了高渗岩体的输导性能，NE-SW 向展布的裂缝与溶蚀孔、洞构建了良好的输导格架。在输导性能良好的地层格架与较大的流体动力联合控制下的油气理应进入更深的储集层，且油气性质应以更“干”的天然气为主。在此运移方向上 B 井区中东部可作为下一个深层勘探的重点关注区域。

第二节 地化指标约束下的原油优势运聚指向

一、饱和烃生标参数

ETR、$C_{35}/C_{34}SH$ 和 $Gam/\alpha\beta C_{30}$ 藿烷表示湖相环境，ETR 与沉积物沉积期间或之后的氧化还原和 / 或盐条件密切相关（Hao 等，2009）。其中，E_3d_3 烃源岩具有高 $C_{19}/C_{23}TT$、$C_{20}/C_{23}TT$、$C_{24}Tet/C_{26}TT$，低 4–MSI//$\Sigma C_{29}ST$（4 甲基甾烷 / $\sum C_{29}$ 甾烷）、$Gam/\alpha\beta C_{30}H$（伽马蜡烷 /$\alpha\beta C_{30}$ 藿烷）、$C_{35}/C_{34}SH$（$C_{35}22S/C_{34}22S$ 藿烷）和 ETR（Hao 等，2009，2011；Tian 等，2017），该类型烃源岩沉积环境为淡水占主导地位的低氧环境，抑或有大量陆源有机质输入（Peters 等，2005；Duan 等，2008）。E_2s_{1+2} 烃源岩具有高 $C_{19}/C_{23}TT$、$C_{20}/C_{23}TT$ 和 $C_{24}Tet/C_{26}TT$，相对较高的 4–MSI//$\Sigma C_{29}ST$、$Gam/\alpha\beta C_{30}H$、$C_{35}/C_{34}SH$ 和 ETR（Hao 等，2009）。该类型生标参数特征表明，烃源岩沉积环境为高盐度和高还原性，而陆源有机质的贡献很小或没有（Peters 等，2005；Summons 等，2008）。E_2s_3 烃源岩参数范围介于 E_3d_3 和 E_2s_{1+2} 之间，4–MSI//$\Sigma C_{29}ST$ 与 $Gam/\alpha\beta C_{30}H$ 比值较高，主要沉积在淡水占主导地位的缺氧环境中（Hao 等，2009）。

图 6–8 显示渤中凹陷西南部 A 井区深层潜山不同烃源来源的原油生标参数特征变化（同层位取单口井数据点分析平均值）。A16 井太古界原油生标参数中具有高 $C_{19}/C_{23}TT$ 和 $C_{20}/C_{23}TT$，低 4–MSI//$\Sigma C_{29}ST$ 和 $Gam/\alpha\beta C_{30}H$，属于

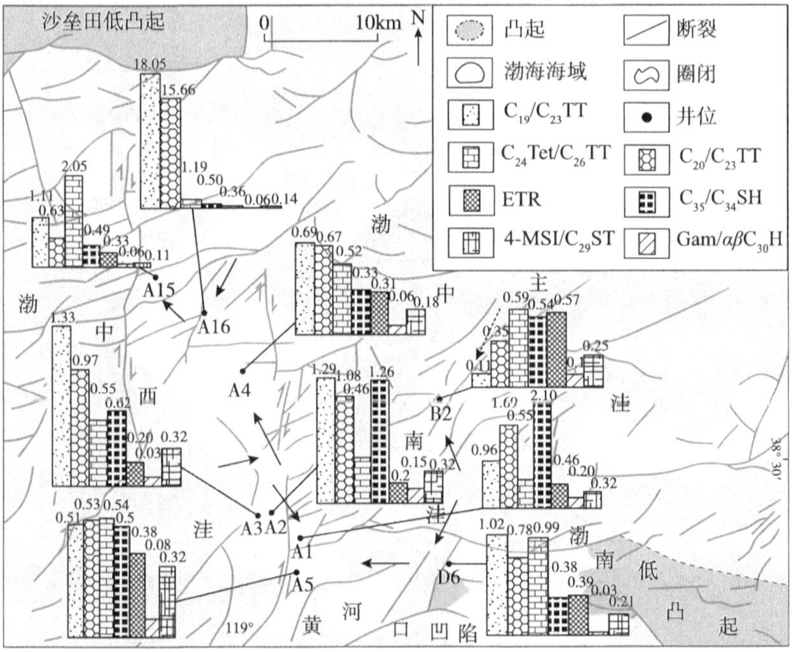

图 6-8 渤海湾盆地渤中凹陷西南部深层潜山原油主要生标参数平面分布特征

典型 E_3d_3 烃源岩的贡献。而 B2 井奥陶系烃类抽提物生标参数中具有高 ETR 和低 Gam/$\alpha\beta C_{30}$H，其值均小于 0.15（Hao 等，2009），因此属于典型的 E_2s_3 烃源岩的贡献范畴。西南部 A 井区其他井生标参数值反映其油源几乎主要来源于沙河街组（$E_2s_3+E_2s_{1+2}$），同时有部分 E_3d_3 烃源岩的贡献。相比之下，A15 井中油源来自 E_3d_3 烃源岩贡献的比例较大，与 A16 井的主力烃源岩相似。结合烃源岩展布特征、演化历史综合分析，渤中凹陷西南部深层潜山原油生物标志化合物显示从靠近西南洼、南洼和主洼优质烃源岩到潜山钻井发生了系统规律性变化。如反映陆源有机物输入的参数（C_{19}/C_{23}TT、C_{20}/C_{23}TT 和 C_{24}Tet/C_{26}TT）逐渐降低，而反映还原或高盐度环境参数（C_{35}/C_{34}SH、ETR 和 Gam/$\alpha\beta C_{30}$H）增大。

4-MSI//ΣC_{29}ST 是反映来自渤海底藻有机质贡献的灵敏参数（Hao 等，2009）。同时，在渤中凹陷中，E_2s_3 烃源岩有较低的 Gam/$\alpha\beta C_{30}$H，值小于 0.15，E_2s_1 烃源岩有较低的 4-MSI//ΣC_{29}ST，其值小于 0.25（Hao 等，2009）。图 6-9 显示渤中凹陷深层 E_2s_{1+2} 段原油 4-MSI//ΣC_{29}ST 值为 0，Gam/$\alpha\beta C_{30}$H

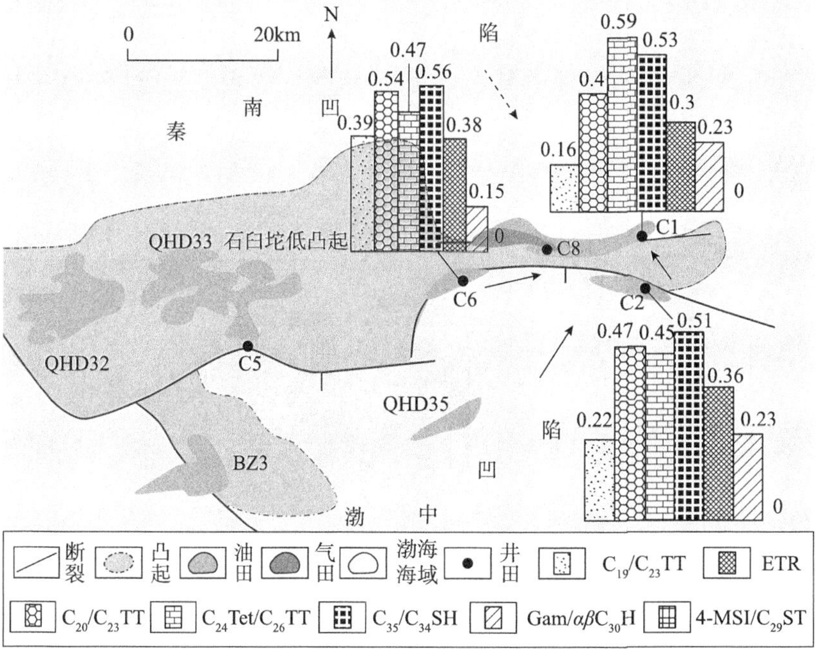

图 6-9　渤中凹陷北部深层（E_2s_{1+2}）原油主要生标参数平面分布特征

值均在 0.15 以上，可大致排除 E_2s_3 源岩供烃，主要是 E_2s_{1+2} 段源岩的贡献，局部可能有 E_3d_3 烃源岩的贡献。结合烃源岩发育层位、展布规模和热演化特征，北洼深层原油呈 C6 井向 C2 井和 C2 井向 C1 井方向上有两个优势运聚指向，包括 C_{19}/C_{23}TT、C_{20}/C_{23}TT 和 C_{24}Tet/C_{26}TT 逐渐降低，而 C_{35}/C_{34}SH、ETR 和 Gam/$\alpha\beta C_{30}$H 虽有显微趋势，却不显著。但不能完全排除有秦南凹陷优质 E_2s_{1+2} 段源岩的贡献。

二、原油含氮化合物

1. 样品分析

鉴于目前渤中凹陷深层油气勘探发现于西南部、北部见零星油气藏，因而迫切需要剖析其成因机理和油气优势运聚指向。因此，在初步明确了渤中凹陷地质背景、烃源特征和输导条件的前提下，有选择性地在西南洼和北洼采集了 11 个原油样品，其中 7 个来自渤中凹陷西南部 $E_3d_2^L$ 层段及其以深，

4 个来自渤中凹陷北部沙河街组。对比分析渤中凹陷西南部和北部原油地化特征，以期探究在地化指标约束下的深层油气运聚指向。凹陷深层原油通常具有成熟油的特征，其饱和烃类生物标志化合物特征显示：

（1）以 C_{29} 重排甾烷为主，C_{27}/C_{29} 甾烷值分布范围分别为 0.96～1.43 和 0.68～1.91，体现了原始生物母质输入一致性特征。

（2）重排甾烷的相对含量较高，$C_{27}Dia/C_{27}ST$ 值分别为 0.44～0.91 和 0.07～0.59，表明西南洼较北洼原油具较高的热演化程度，属两个成源 – 成烃系统。

（3）Gam/$\alpha\beta C_{30}H$ 值分别介于 0.12～1.02 和 0.10～0.12，原油的 Pr/pH 值为 1.20～1.43，该参数值均指示烃源岩具有强还原的沉积环境。

深层原油烃类组成和地化参数显示渤中凹陷深层原油有着较为明显的 2 种源岩贡献，西南部内的原油与其烃源岩和北部内的原油与其烃源岩之间为同种成因类型原油，具有相似的母源特征，相近的成熟度及相似的沉积环境。因此，原油的原始母质、烃源岩沉积环境及其成熟度并非造成原油地化指标差异因素。

渤中凹陷深层原油中咔唑类化合物较为丰富，基于咔唑类化合物 1 和 8 位氢原子被烷基取代差异（张敏等，1997），区分出全部屏蔽型异构体（1，8- 二甲基咔唑），部分屏蔽型异构体（PSNs）（如 1，3- 二甲基咔唑、1，4- 二甲基咔唑等）和全裸露型异构体（Ens）（如 2- 甲基咔唑、2，7- 二甲基咔唑等）。渤中凹陷深层原油中咔唑类化合物以二甲基咔唑系列为主，占 36.5%～50.9%；甲基咔唑和三甲基咔唑类化合物值分别分布在 15.7%～33.8% 和 8.4%～25.3%。二甲基咔唑系列中屏蔽型异构体（1，8- 二甲基咔唑）、PSNs 和 Ens 的相对含量分别是 5.8%～8.3%，44.1%～53.9% 和 37.8%～50.1%。上述数值反映了渤中凹陷西南洼和北洼间原油咔唑类化合物组成具有一定的相似性，与油源对比一致性相吻合。

2. 运移参数选取

携带有氮原子杂环的咔唑类化合物是极性较强的化合物，使得部分咔唑类分子易被有机质或黏土矿物吸附（Bowler 等，1997），以至于在油气运移过程中出现咔唑类地层分馏效应（付金华等，2017），具体表现形式如下：

（1）原油中咔唑类绝对丰度随运移距离的增大而降低。

（2）全裸露型、部分屏蔽型和全屏蔽型咔唑类化合物与周围岩石的吸附性逐渐降低（张敏等，1997），导致随着原油运移距离的增加，屏蔽型异构体相对富集，而裸露型异构体相对变少（王铁冠等，2000）。

（3）呈线性分子的苯并 [a] 咔唑比呈半球状的苯并 [c] 咔唑运移速度快，随着运移距离的增加，线性分子异构体相对富集（张敏等，1997；王铁冠等，2000）。

3. 深层原油运聚指向

图 6–10 显示，渤中凹陷西南洼深层原油样品中咔唑类化合物绝对丰度在 A4 井和 A1 井较高，由东北向西南以及东南向西北方向呈减小趋势；原油中咔唑类 PSNs/Ens，1–/4– 甲基咔唑，1,8–/2,4– 二甲基咔唑和苯并 [a]/[c] 咔唑比值在 A4 井和 A1 井较低，由东北向西南和东南向西北呈增大趋势。上述含氮化合物参数值均反映了渤中凹陷西南部 A 井区深层原油明显存在两个优

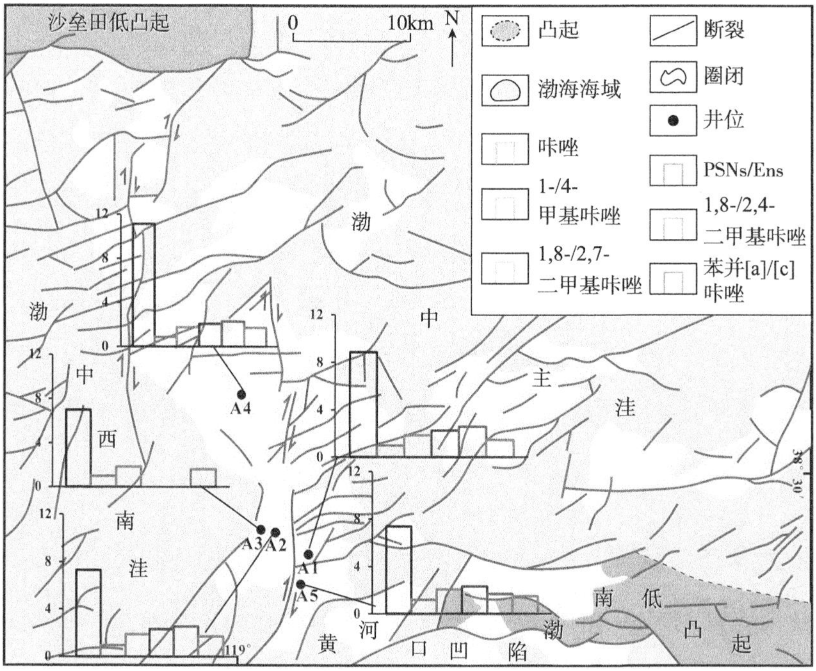

图 6–10　渤海湾盆地渤中凹陷西南部深层原油中咔唑类化合物异构体比值分布

势运聚指向，第一，由北东向南西发生深层原油运聚，结合烃源岩发育特征和输导体系展布，推测为来自渤中凹陷主洼烃源岩供烃的可能性较大。第二，由东南向西北方向运聚，该方向是凹陷南洼优质烃源岩生成烃类的贡献。

图 6–11 表明，渤中凹陷北部深层原油中咔唑类化合物绝对丰度在 C6 井最高，C8 井次之，C2 井最低；同时，原油中咔唑类 PSNs/Ens，1–/4– 甲基咔唑，1,8–/2,4– 二甲基咔唑和苯并 [a]/[c] 咔唑比值在 C6 井相差无几。仅基于咔唑类化合物绝对丰度显示渤中凹陷北部深层原油的优势运聚指向由西南向东北，其他咔唑类数据变化甚微，推测该地区可能有秦南凹陷优质烃源岩的部分贡献，使得 C2 井和 C8 井的参数近乎一致。

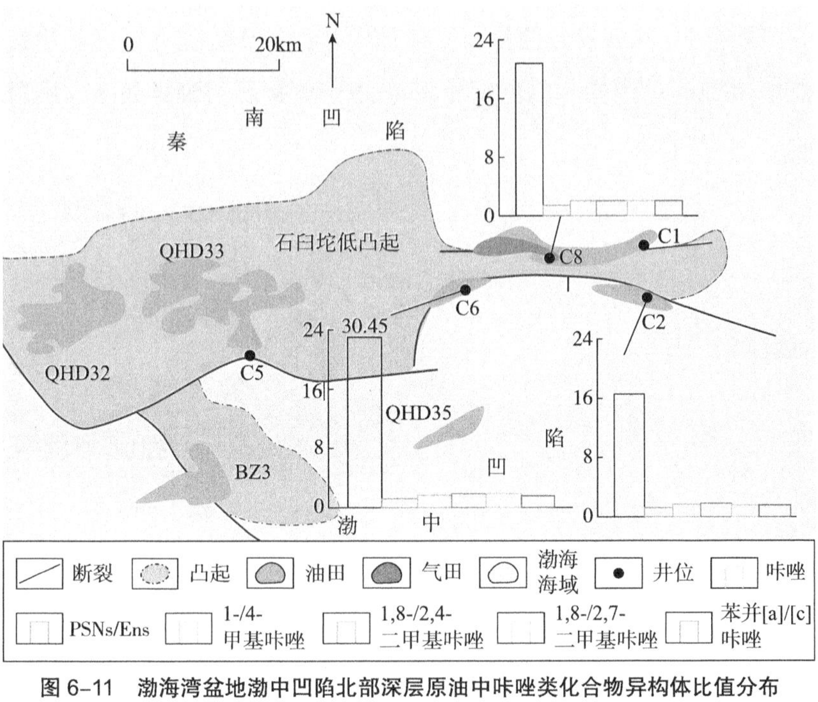

图 6–11 渤海湾盆地渤中凹陷北部深层原油中咔唑类化合物异构体比值分布

三、油包裹体定量荧光参数

流体包裹体结合现今流体数据为油气优势运聚提供了重要的流体信息（Munz，2001），其中油包裹体荧光特性通常可示踪原油成分、成熟度、油源对比以及优势运移路径（李振明等，2019）。基于油包裹体荧光颜色仅受原油密度影响的前提，建立了油包裹体荧光颜色与 API 度间的定量关系（Bodnar，1990），并且有学者认为由于油包裹体的 API 度可直接与储层原油 API 度进行比较，油包裹体的 API 度与其荧光颜色和最大光强波长（λ_{max}）视为有效参数（Ping 等, 2019）。油包裹体 API 度通常是基于已知在同一油源背景下参考原油荧光与其荧光光谱参数值获取的，油包裹体定量荧光参数通常一般包括含油包裹体丰度（GOI）、定量颗粒荧光（QGF^+）、萃取液全息扫描荧光（iTSF）、λ_{max}、QF-535 和 $Q_{(650/500)}$ 等（Munz，2001；Liu 等，2005；Ping 等，2019）。采用 λ_{max}、QF-535 和 $Q_{(650/500)}$ 来定量表征油包裹体荧光参数，其具体含义见图 6–12。利用 HORIBA PTI QM-40 荧光光谱分析仪器完成［图 6–13（a）红色虚线图框内］，激发光源为新安装的汞灯，视作稳定光源。利用带通滤波器产生 365nm 单色光。单色紫外光（UV）直接照射到样品上，发射的光

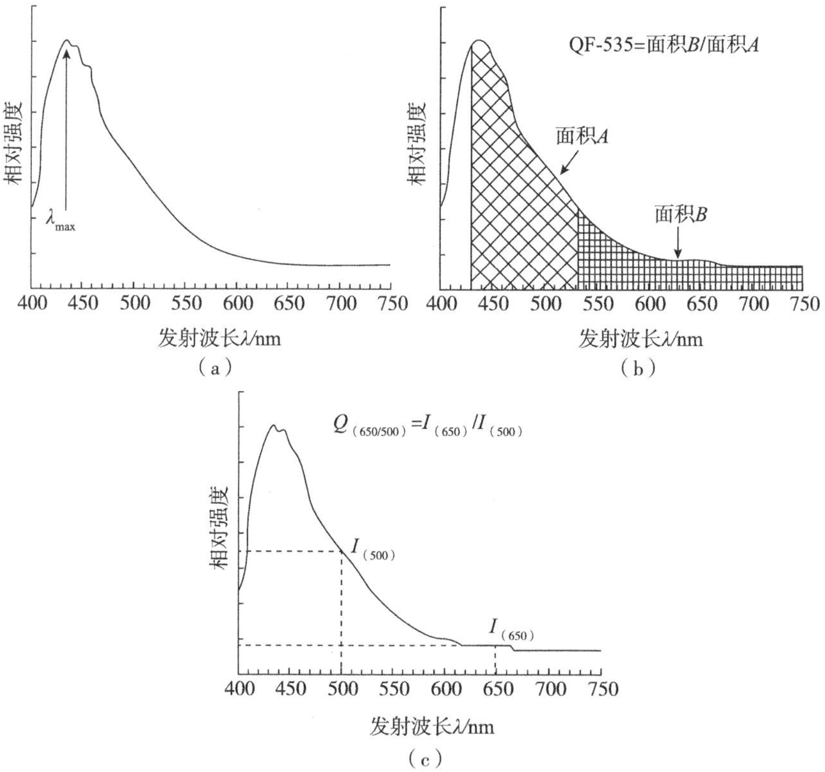

图 6–12　油包裹体荧光发射参数示意（Munz，2001）

从显微镜发射到光谱仪和检测器系统中。测试过程中考虑了光学元器件和外界光源的干扰并进行了环境校正。原油样品均来自渤中凹陷深层储集层，见图 6–13（b）。

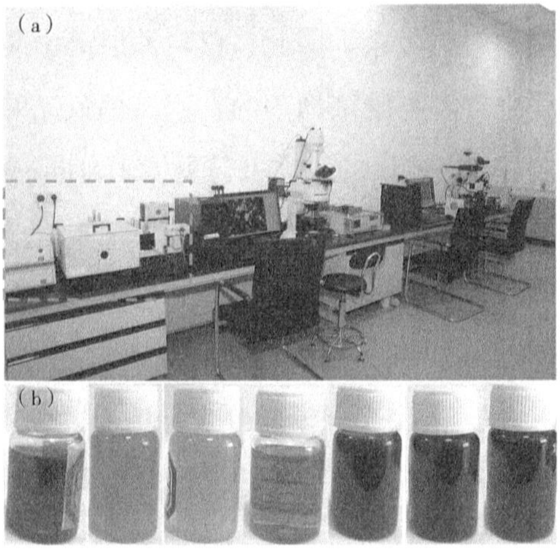

图 6–13　HORIBA PTI QM–40 荧光光谱仪（a）与渤中凹陷原油样品颜色特征（b）

鉴于国内采用原油相对密度来表征原油密度，采用 λ_{max} 因子来估算油包裹体相对密度［图 6–14（a）］。通过对原油颜色［图 6–13（b）］、λ_{max} 和相对密度分析发现，颜色越暗 / 深，λ_{max} 越大，原油中的胶质 + 沥青质含量越多。进一步研究认为，原油在运聚过程中会发生以层析作用占据主导的分馏作用（柳广弟，2009），其原理为岩石骨架和孔隙颗粒对原油不同成分的吸附和解析使物质分异，导致随运移距离的增大，原油中的含蜡量、胶质 + 沥青质等重组分被地层吸附。基于此原理，选取西南部深层原油样品统计得到了适用

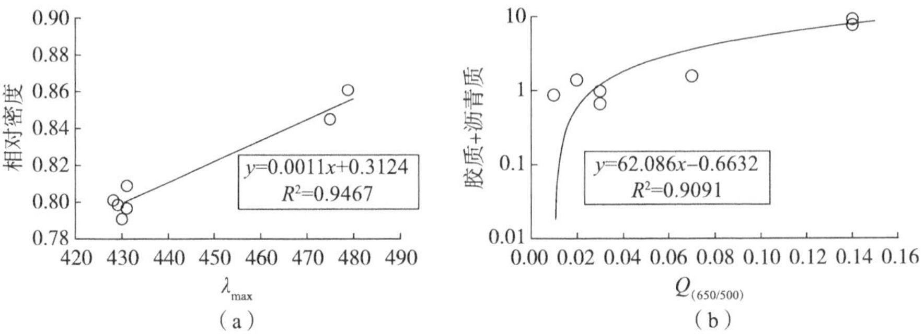

（a）　　　　　　　　　　　　（b）

图 6–14　原油 λ_{max} 与相对密度交会（a）和其 $Q_{(650/500)}$ 与胶质 + 沥青质交会（b）

于渤中凹陷 $Q_{(650/500)}$ 与胶质 + 沥青质的相关关系方程［图 6–14（b）］。利用上述关系式分别计算了油包裹体在 λ_{max} 和 $Q_{(650/500)}$ 测量值上的相对密度和胶质 + 沥青质含量。

图 6–14 显示了 λ_{max}（λ_{max}>420nm）和 $Q_{(650/500)}$ 与原油的相对密度和胶质 + 沥青质含量有着良好的对应关系。因此，仅对深层潜山裂缝石英胶结物、部分石英加大边和裂缝中方解石胶结物内的发蓝白色荧光的油包裹体进行荧光光谱测试分析，通常可确保测试的该类型包裹体来自同一油源、同期（晚期）被捕获，这样得到的参数基本反映了原油运移分馏性质。图 6–15 显示了渤海湾盆地渤中凹陷西南部深层潜山蓝白色荧光油包裹体定量荧光参数平面展布特征，发现由 B2 井和 D6 井向 A3 井和 A10 井方向上，λ_{max} 减小，油包裹体荧光发生明显的“蓝移”，表明小分子成分含量增加，大分子芳香化合物浓度降低，相对密度的减小和胶质 + 沥青质浓度的降低均表明深层潜山原油其中的一个优势运聚路径来自南洼和主洼优质烃源岩分别向其供烃，沿着北东 – 南西向发生优势运移。在由 A7 井和 A14 井向 A10 井和 A15 方向上也有着相似的明显变化趋势，推测在北东 – 南西方向上也有部分西南洼富烃深层凹优质源岩的贡献，见图 6–15。

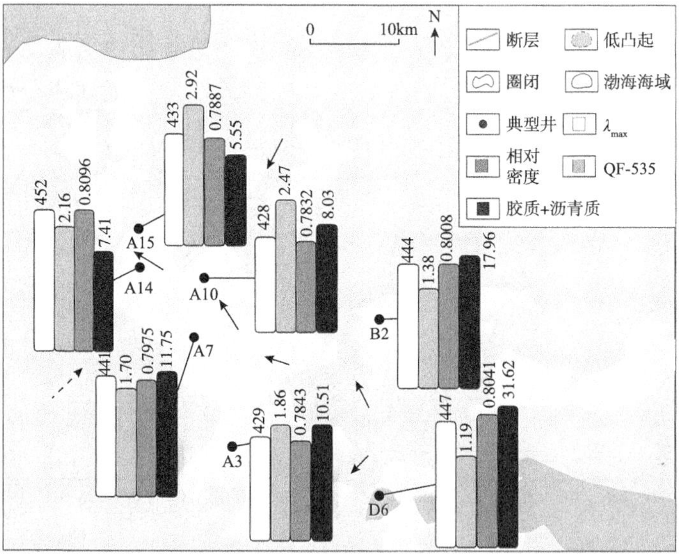

图 6–15　渤海湾盆地渤中凹陷西南部深层原油包裹体定量荧光参数平面展布

第三节
油气运聚成藏过程

一、油气充注历史

1. 流体包裹体岩相学特征

室温下观察统计渤中凹陷深层流体包裹体，按照其物理状态（荧光、相态、成分）进行归类划分，将渤中凹陷深层包裹体划分为烃类包裹体和盐水包裹体。烃类包裹体包括液态烃包裹体、气态烃包裹体和含气态烃盐水包裹体。盐水包裹体在透射光下呈无色，UV 激发下不发荧光，液态烃包裹体个体较大，在 UV 激发下呈黄色、黄绿色、蓝色、蓝白色、白色荧光，见图 6–16 和图 6–17。气态烃包裹体在透射光下呈灰色 – 黑色，不发荧光。

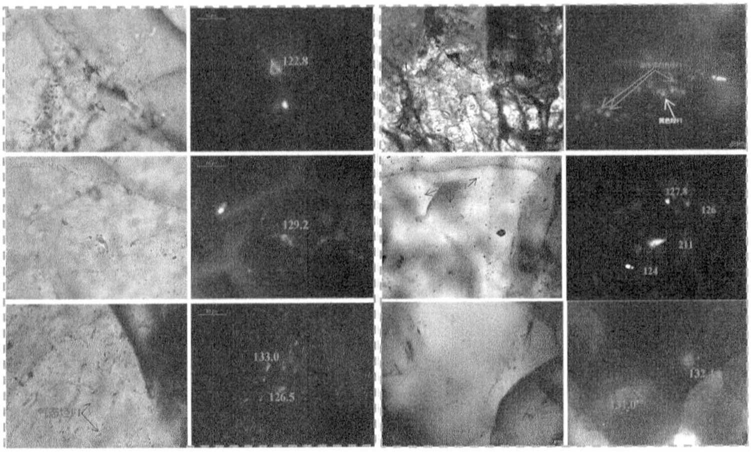

（a）Ek　　　　（b）Ar

图 6–16　A 井区深层储层中不同类型烃包裹体与其荧光特征

基于对大量包裹体进行观察、对比分析（图 6–16 和图 6–17）认为，自东营组、沙河街组、孔店组至太古界，流体包裹体类型一致，均发育有烃类和盐水包裹体，然而在太古界气态烃包裹体更为丰富，有天然气强充注历史过程。

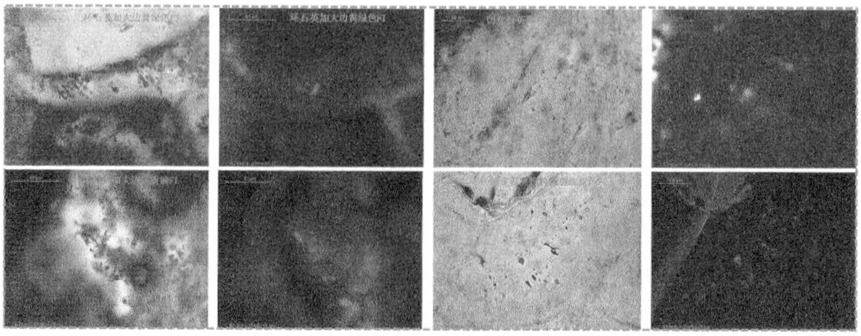

（a）E_2s

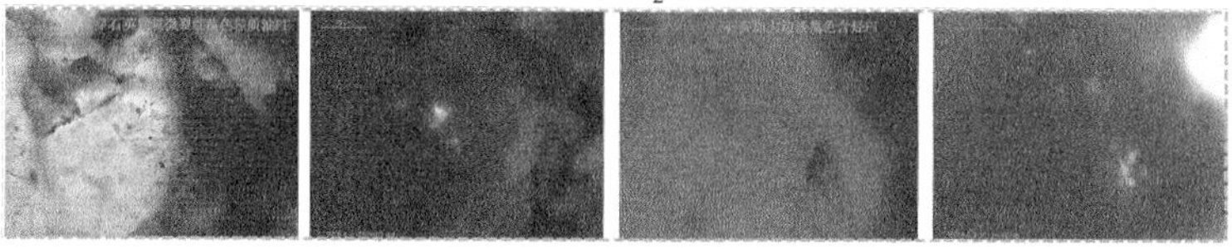

（b）E_3d

图 6–17　A 井区深层储层中不同类型烃包裹体与其荧光特征

2. 流体包裹体均一温度

与烃类包裹体伴生的盐水包裹体均一温度可代表成矿流体被捕获时的最低温度。东营组和沙河街组石英颗粒微裂纹中流体包裹体均一温度分布在 2 个区间，见图 6–18（a）和图 6–18（b），分别是 110～130 ℃和 140～170 ℃，主温度区间分别为 105～125 ℃和 145～165℃，沙河街组石英加大边内流体包裹体均一温度主峰区间位于 110～130 ℃，见图 6–18（b），与石英颗粒微裂纹中第一期包裹体均一温度主峰温度区间相近，应属于同一期流体活动。

如图 6–18 所示，对比发现，渤中凹陷 A 井区东营组和沙河街组至少存在两期流体活动，第一期流体活动主峰温度在 105～125 ℃，这期流体同时形成了大量的石英加大边，流体活动规模较小；第二期流体活动的主峰温度在 145～165 ℃，活动规模较大。而太古界至少存在一期流体活动，主峰温度区间分布在 140～170 ℃。虽然层位和岩性上存在较大差异，但仍能清晰地看出太古界的一期流体活动与东营组和沙河街组第二期流体在均一温度方面存在较好的相似性。

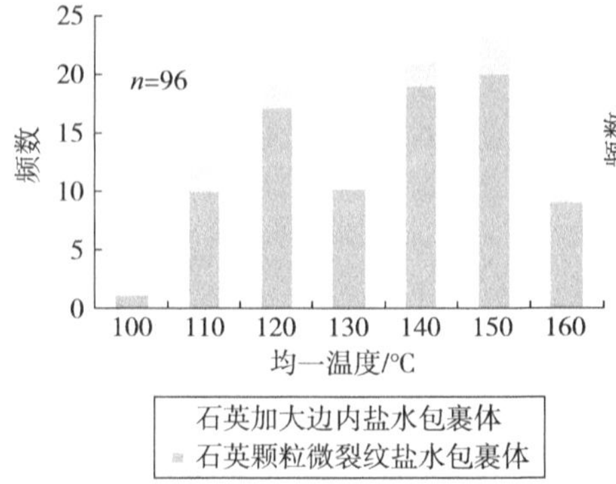

（a）E_3d

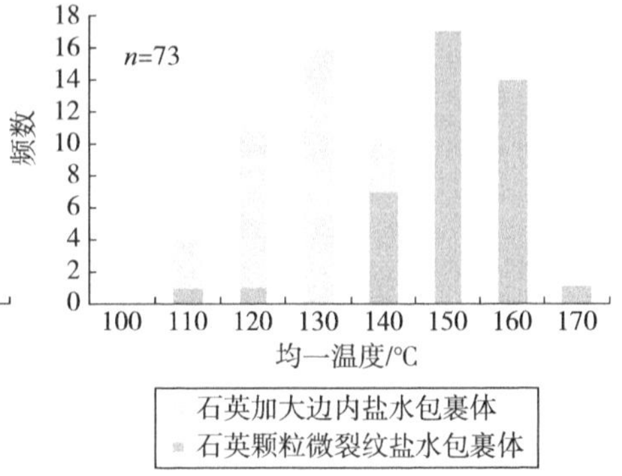

（b）E_2s

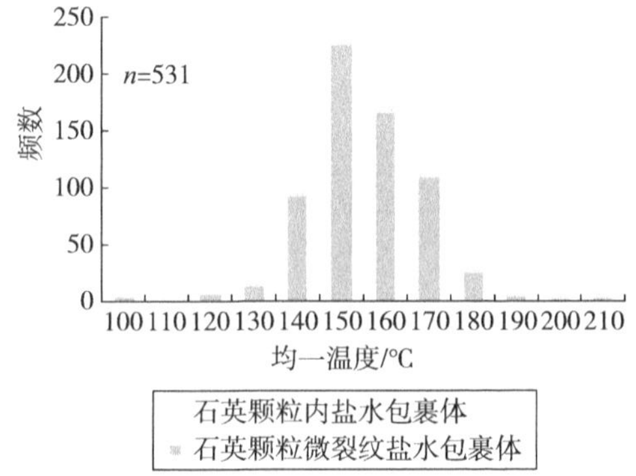

（c）Ar

图 6-18　A 井区深层储层中不同层位流体包裹体均一温度

3. 流体包裹体盐度与成岩环境

流体包裹体盐度可反映不同期次成岩流体演化信息（王震亮等，2016）。盐度计算采用（刘斌和沈昆，1999）公式。东营组石英颗粒微裂纹内包裹体捕获的流体盐度介于 1.2%~23.5%；第一期流体盐度为 1.2%~8.6%，第二期流体盐度为 10.35%~19.5%，流体盐度总体逐渐增高，见图 6-19（a）。沙河街组石英颗粒微裂纹内包裹体捕获的流体盐度介于 1.3%~18.6%；第一期流体盐度介于 1.3%~6.8%，第二期流体盐度为 8.7%~16.4%，流体盐度逐渐增大［图 6-19（b）］。相比之下，太古界捕获的流体盐度总体偏高，流体盐度主要介于 9.5%~18.3%［图 6-19（c）］。对比发现，太古界的流体盐度与东营组和沙河街组第二期流体盐度大小较为相似，可能反映其对应关系。

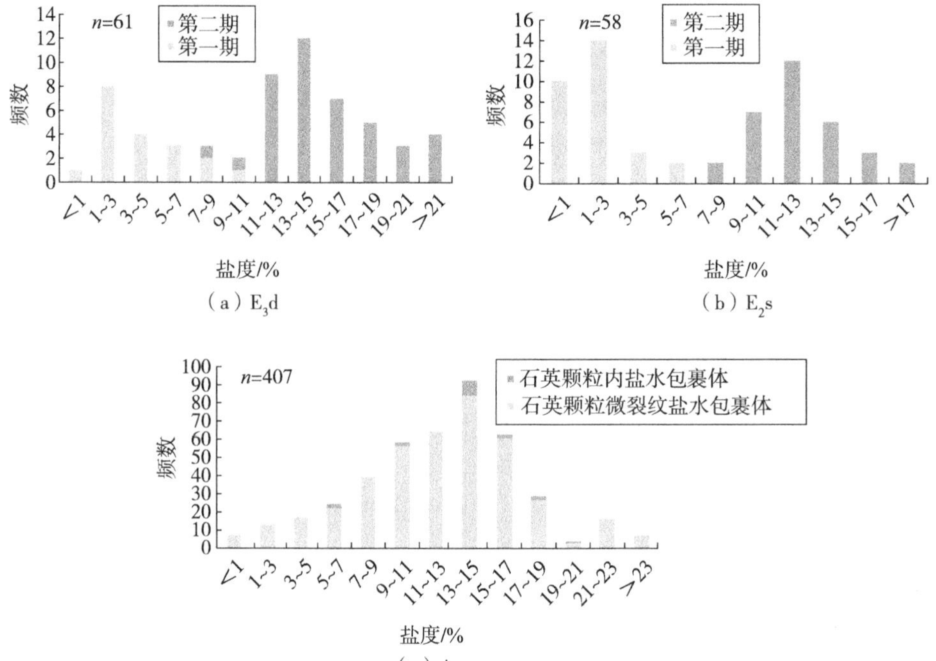

（a）E_3d　（b）E_2s　（c）Ar

图 6-19　A 井区深层储层中不同层位流体盐度分布

盐水包裹体均一温度与冰点温度间的关系能够反映环境孔隙流体演化（王震亮等，2016）。东营组、沙河街组和太古 / 元古界石英颗粒微裂纹冰点温度整体上随均一温度的增大而减小，意味着其处于较深埋藏环境，见图 6-20。第Ⅰ期→第Ⅱ期流体形成温度逐渐升高，整体反映了地层埋深逐渐加大的环境。因此，综合确定储层流体的演化趋势为：成岩早期低温、低含盐度的盐水→Ⅰ晚成岩早期、较高温、中含盐度的盐水→Ⅱ晚成岩晚期高温、高含盐度的盐水。

渤中凹陷西南洼和主洼烃源岩的主要生烃期为 30～0Ma，而南洼烃源岩主要生烃 / 气期为 28～0Ma。根据渤中凹陷地层埋藏史、烃源岩热演化史和油气充注时间（图 6-1）综合分析，西南部深层天然气早期主要来源于南洼沙河街组烃源岩的贡献，随着主洼烃源岩热演化程度的增加，对晚期天然气运聚成藏有较大的供烃能力。深层原油早在东营组三段沉积刚刚完成时发生了早期原油的生、排烃，由于上覆地层无封闭层封盖，沙河街组早期生成的原

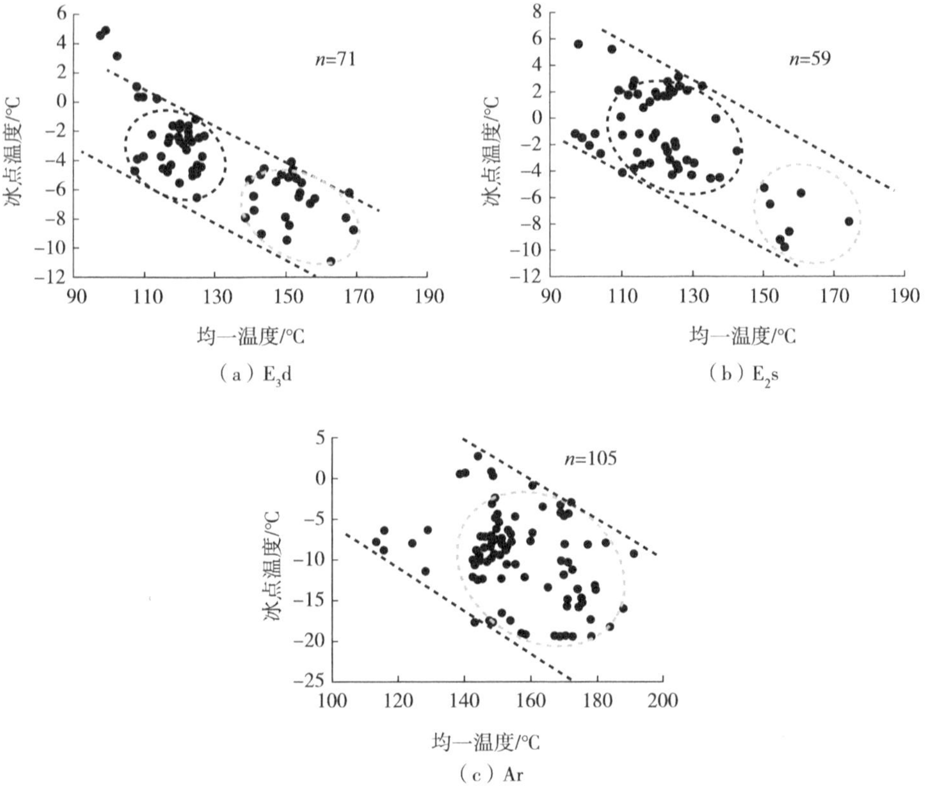

图 6-20　渤中凹陷深层包裹体均一温度 - 冰点温度关系及流体活动

油可能已经泄漏至海底并完全消失，而在沙河街组以下深层地层中可能有早期原油的运聚。在岩心观察和荧光薄片中发现了裂缝中的沥青可能是早期原油运聚充注的产物。而渤中凹陷深层天然气在 5.3Ma 以来发生大规模运聚成藏，应与 5.3Ma 以来发生的新构造运动产生的大量断层 - 裂缝沟通了主洼深层烃源岩有关。同时，富含氢源的深部流体的供给也为烃源岩的规模生气提供了规模物质基础；这一过程的发生与在包裹体中发现的黄绿色荧光、黄色荧光和蓝白色荧光以及天然气包裹体相吻合见图 6-16 和图 6-17。综合表明，渤中凹陷深层油气至少经历了早期原油充注，此时油气侧向运移的剩余压力不足，致使早期的油气难以在太古界内成藏，故太古界内尚未发现与之对应的早期流体活动。相比之下，东营组和沙河街组第二期油气充注与太古界的流体充注近似，综合反映了一定成因联系。

二、流体驱替实验

流体驱替模拟实验是正演油气运聚过程的直接证据，诸多学者基于天然气运移速率（王震亮等，2005），输导物性差异和渗流特征（曾溅辉和王洪玉，2000；张洪等，2004；赵子龙等，2015）以及不同输导体系类型（姜振学等，2005；付广等，2006）等进行了多角度充注模拟验证，得出了多条有意义的结论。设计充注模拟实验的前提是充分认识深层潜山的成藏过程，即经历了早期原油充注，晚期遭受了成熟油气的混合充注及天然气部分气侵的充注过程，选取样品时兼顾了太古界变质岩的储集层类型为裂缝型储层。本实验分析流程为：饱和水→油驱水→气驱油。充注实验过程所获取的微观规律需经过相似性分析后方可得到地层实际中的油气运聚情况（王震亮等，2005），因此，先期分别从实验材料、压力加载和油气充注次序等方面的相似性进行分析并总结其运聚成藏过程。

1. 实验材料的相似性

本次实验选取渤中凹陷深层潜山不同结构和岩性的岩心制作模型。同时，考虑到深层潜山岩性展布特征、孔隙类型差异以及输导条件的不同选取了 10 块岩心样品进行流体驱替充注模拟实验。将完成洗油前处理的 10 块样品进行饱和水和油驱替时，依据西南部深层潜山地层水矿化度特征，将地层水配比水型为 $NaHCO_3$，总矿化度为 5000mg/L。原油黏度配比为 2.4mPa・s。因此，实验材料基本完全满足了地层条件下的相似性要求。为了更清晰地观察，模拟地层水中加入少量甲基蓝呈蓝色，模拟油中加入少量油溶红，呈红色，上述染色剂均对模型中的孔、渗无影响。

2. 压力加载的相似性

实验室中压力的加载相较于漫长的地质时期是瞬时加载的，但地质历史过程中压力孕育演化史基本由不饱和过渡至饱和，直至达到岩石的破裂压力极限，压力释放后又重新开始上一过程。因此，在压力加载的过程中基本遵循先小，逐步加载压力，直至油气发生运移时捕获其充注过程。进一步观察在充注过程中油、气、水三相的动态变化成为该实验的主要目的。因此，基于压力孕育史规律与本实验压力加载进行了相似性分析与操作。

3. 油气充注的相似性

岩心未被油气充注前饱和地层水，随后历经早期原油的充注和晚期油气规模运聚的成藏过程。因此，本实验先期对岩心样品进行为期一周的洗油前处理，随后用配比后的地层水充分饱和岩心样品，历时约一周。将饱和好的地层水样品进行原油充注（从左至右充注），见图 6-21 和图 6-22，直至在右边观察到有原油的运聚后停止。实验室选用氮气作为模拟天然气进行充注模拟，实验用氮气出于如下考虑：①天然气样品取样非常困难；②氮气在常温下极稳定；③考虑到实验室和操作人员的财产和生命安全。

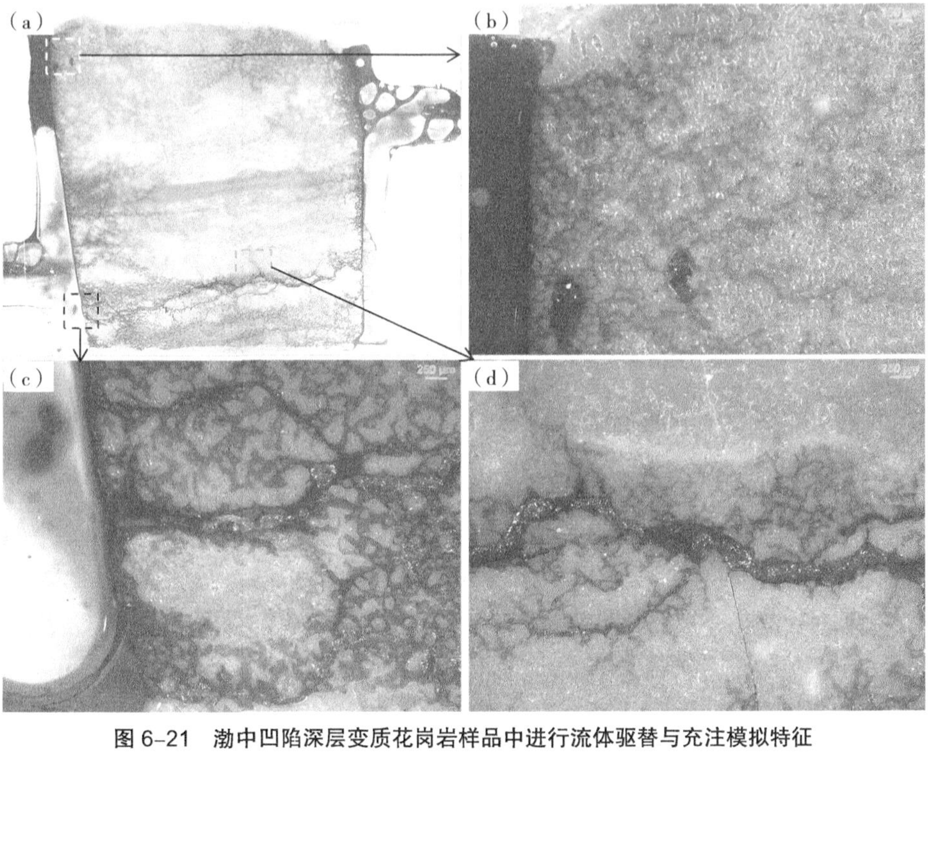

图 6-21　渤中凹陷深层变质花岗岩样品中进行流体驱替与充注模拟特征

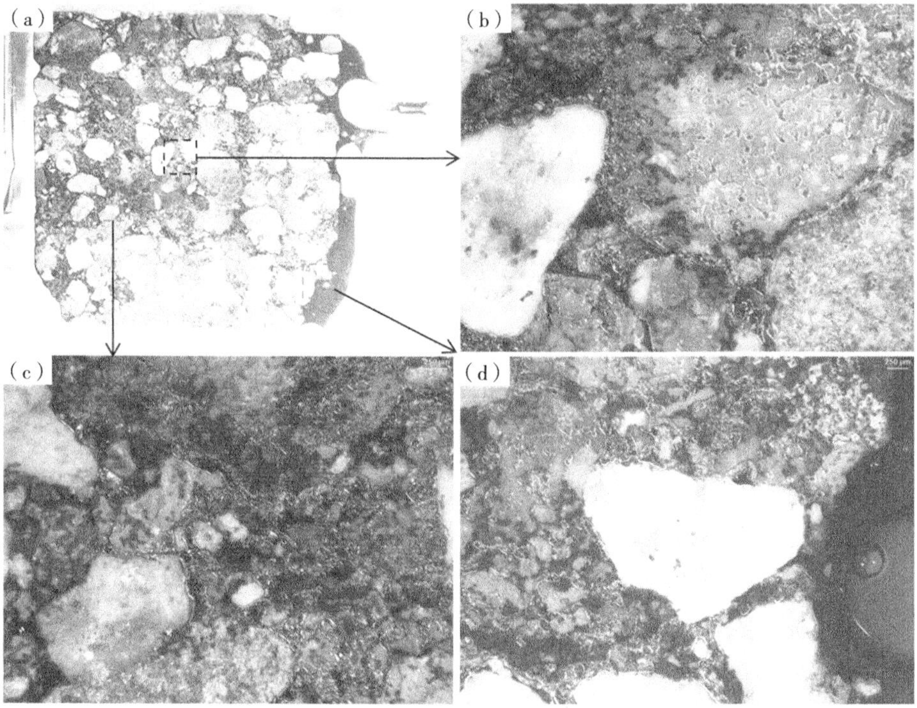

图 6-22　渤中凹陷深层砂砾岩样品中进行流体驱替与充注模拟特征

上述油气充注次序基本满足了渤中凹陷深层油气多期幕式成藏的单幕次充注过程，符合油气充注相似性操作原理。

图 6-21（a）显示油气沿着裂缝和高渗岩层发生了优势充注，持续的油气充注表明晚期油气多数沿着早期原油运移的路径发生充注过程，见图 6-21（b）和图 6-21（c），这一现象诠释了寻找优势充注路径对发现油气藏 / 田的重要性。同时，这一现象产生的原因可能是早期原油的充注将水润湿的岩石逐渐转变为亲油或中性润湿的岩石，现象由先前的水膜果腹其岩石颗粒转变为原油吸附在岩石颗粒周围，见图 6-21（c），抑或是在裂缝中见到的油包裹水的现象使得润湿性发生彻底性的改变，见图 6-21（d）。反之亦然，早期原油发生部分充注，可能局部改变了其润湿性质，使得油气不能发生长距离的充注过程，见图 6-21（b）。总之，输导体中由先前的水润湿变为亲油或中性润湿，降低了输导体中的阻力，对原油流体动力的要求随之下降，较轻松地发生长距离运聚过程。

深层砂砾岩样品充注模拟实验发现油气沿着颗粒间的剩余粒间孔和溶蚀孔发生规模充注，见图 6–22。油气在砂砾岩中以环绕颗粒的粒间孔运移为主，见图 6–22（b）和图 6–22（c），然而颗粒周缘被水膜覆盖，则油气在短时间内不能沿其发生充注，见图 6–22（c）和图 6–22（d），进一步夯实了岩心中矿物润湿性的改变是决定油气优势运聚路径的重要条件。进一步发现砂砾岩中矿物颗粒粒径是影响油气发生充注的因素之一，究其原因，一方面，大颗粒更易与油气接触，另一方面，较大颗粒间保存有较多的剩余粒间孔和原生孔。

物理模拟实验表明，油气充注过程与流体动力、输导体系类型、运移路径的润湿性的变化及其岩石矿物组成等有关，运移路径表现为较强的非均一性和复杂性。早期的运移路径是晚期油气充注的优势运移路径，为预测优势输导体系和运聚指向提供了明确的指向。

三、油气成藏模式

富氢深部流体沿着深大断裂 – 裂缝网络，以中心式和裂隙式运移至烃源岩处，使得渤中凹陷南洼和主洼烃源岩发生了“爆发式”生气过程。渤中凹陷西南部深层在 9.5Ma 以来开始发生规模原油充注，主洼和西南洼表现为生油，南洼开始进入生气阶段。新构造运动以来促使凹陷各级断层活化，进一步形成北东向断层 – 裂缝优势输导通道。剩余压力驱动油气沿着断层 – 裂缝 – 高渗岩层 – 不整合面发生垂向和侧向长距离运聚，在深层储集层中发生运聚成藏。0Ma（现今）渤中凹陷主洼和西南洼主要进入生气阶段，西南洼开始生湿气，与此同时，持续拗陷 – 沉积背景下发育的沉积型超压也达到峰值，在低凸起带周缘富烃次洼环绕，在高渗岩体、断层、不整合面、裂缝等高效输导体系耦合背景下，剩余压力驱动油气发生长距离、垂侧向运聚成藏。上覆超压泥岩封闭层的发育是大型天然气规模成藏的必然条件，在优势运移通道上现今得以呈现纯油藏、凝析气藏和含气构造带等多类型油气藏，见图 6–23。整体建立了“多源汇聚供烃 – 早油晚气 – 长距离垂、侧向差异运聚”成藏模式。

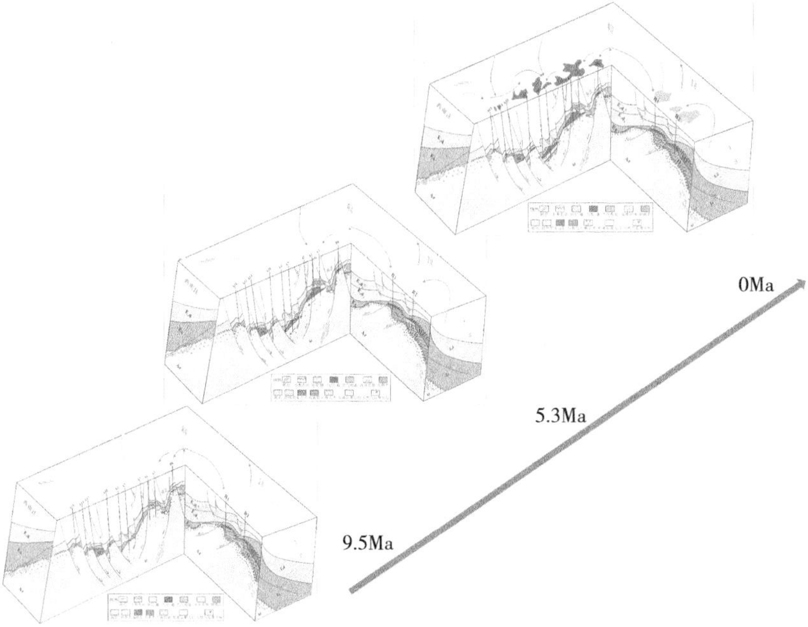

图 6-23　渤海湾盆地渤中凹陷西南部深层油气运聚成藏模式

参考文献

［1］András F, Peter E, Cumella S P, et al. Testing the basin-centered gas accumulation model using fluid inclusion observations: Southern Piceance Basin, Colorado [J]. AAPG Bulletin, 2012, 96(12): 2297–2318.

［2］Baur F, Scheirer A H, Peters K E. Past, present, and future of basin and petroleum system modeling [J]. AAPG Bulletin, 2018, 102(4): 549–561.

［3］Bernard B B, Brooks J M, Sackett W M. Light hydrocarbons in recent texas continental shelf and slope sediments [J]. Journal of Geophysical Research, 1978, 83(C8): 4053–4061.

［4］Bjørlykke K, Høeg K. Effects of burial diagenesis on stress, compaction and fluid flow in sedimentary basins [J]. Marine and Petroleum Geology, 1997(14): 267–276.

［5］Bodnar R J. Petroleum migration in the Miocene Monterey Formation, California, USA: constraints from fluid-inclusion studies [J]. Mineralogical Magazine, 1990, 54(375): 295–304.

［6］Bourdet J, Pironon J, Levresse G, et al. Petroleum accumulation and leakage in a deeply buried carbonate reservoir, Níspero field (Mexico) [J]. Marine and Petroleum Geology, 2010, 27(1): 126–142.

［7］Bowers G L. Detecting high overpressure [J]. The Leading Edge, 2002, 21(2): 174–177.

［8］Bowler B F L, Larter S R, Clegg H, et al. Dimethylcarbazoles in crude oils: Comment on liquid chromatographic separation schemes for pyrrole and pyridine nitrogen aromatic heterocycle fractions from crude oils suitable for rapid characterization of geochemical sample [J]. Analytical Chemistry, 1997(69): 3128–3129.

[9] Bruckschen P, Oesmann S, Ján V. Isotope stratigraphy of the European Carboniferous: proxy signals for ocean chemistry, climate and tectonics [J]. Chemical Geology, 1999(161): 127–163.

[10] Carman P C. Flow of gases through porous media [M]. New York: Butterworths Scientific Publications, 1956.

[11] Chang Yingju, Huang Wuuliang. Simulation of the fluorescence evolution of "live" oils from kerogens in a diamond anvil cell: Application to inclusion oils in terms of maturity and source [J]. Geochimica et Cosmochimica Acta, 2008, 72(15): 3771–3787.

[12] Chen Jiangping, Liang Digang, Wang Xulong, et al. Mixed oils derived from multiple source rocks in the Cainan oilfield, Junggar Basin, Northwest China. Part I: genetic potential of source rocks, features of biomarkers and oil sources of typical crude oils [J]. Organic Geochemistry, 2003(34): 889–909.

[13] Columbu S. Petrographic and geochemical investigations on the volcanic rocks used in the punic-roman archaeological site of nora (sardinia, italy) [J]. Environmental Earth Sciences, 2018, 77(16): 577.

[14] Dai Jingxing, Song Yan, Dai Chunsen, et al. Geochemistry and accumulation of carbon dioxide gases in China [J]. AAPG Bulletin, 1996, 80(10): 1615–1626.

[15] Denison R E, Koepnick R B, Burke W H, et al. Construction of the Mississippian, Pennsylvanian and Permian seawater $^{87}Sr/^{86}Sr$ curve [J]. Chemical Geology, 1994, 112(1–2): 145–167.

[16] Duan Y, Wang C Y, Zheng C Y, et al. Geochemical study of crude oils from the Xifeng oilfield of the Ordos Basin, China [J]. Journal of Asian Earth Sciences, 2008, 31(4–6): 341–356.

[17] Dutta N C. Deepwater geohazard prediction using prestack inversion of large offset P-wave data and rock model [J]. The Leading Edge, 2002, 21(2): 193–198.

[18] Ehrenberg S N, Walderhaug O, Bjørlykke K. Carbonate porosity creation by mesogenetic dissolution: reality or illusion? [J]. AAPG Bulletin, 2013, 97(2): 347–349.

[19] Ergun S. Fluid Flow through Packed Columns [J]. Chemical Engineering Progress, 1952(48): 89–94.

[20] Fan Changyu, Wang Zhenliang, Wang Aiguo, et al. Identification and

calculation of transfer overpressure in the northern Qaidam Basin, northwest China [J]. AAPG Bulletin, 2016, 100(1): 23–39.

[21] Galeazzi J S. Structural and stratigraphic evolution of the westem Malvinas basin, Argentinal [J]. AAPG Bulletin, 1998, 82(4): 596–636.

[22] Guo Xiaowen, He Sheng, Liu Keyu, et al. Oil generation as the dominant overpressure mechanism in the Cenozoic Dongying depression, Bohai Bay Basin, China [J]. AAPG Bulletin, 2010, 94(12): 1859–1881.

[23] Guo Xusheng, Hu Dongfeng, Li Yuping, et al. Theoretical progress and key technologies of onshore ultra-deep oil/gas exploration [J]. Engineering, 2019(5): 458–470.

[24] Hao Fang, Zhou Xinhuai, Zhu Yangming, et al. Lacustrine source rock deposition in response to coevolution of environments and organisms controlled by tectonic subsidence and climate, Bohai Bay Basin, China [J]. Organic Geochemistry, 2011, 42(4): 323–339.

[25] Hawkes H E. Free hydrogen in genesis of petroleum [J]. AAPG Bulletin, 1972, 56(11): 2268–2270.

[26] Himmler T, Haley B A, Torres M E, et al. Rare earth element geochemistry in cold-seep pore waters of Hydrate Ridge, northeast Pacific Ocean [J]. Geo-Marine Letters, 2013, 33(5): 369–379.

[27] Hu Shengbiao, Sullivan P B O, Raza A, et al. Thermal history and tectonic subsidence of the Bohai Basin, northern China: a Cenozoic rifted and local pull-apart basin [J]. Physics of the Earth and Planetary Interiors, 2001(126): 221–235.

[28] Hubbert K, Rubey W W. Role of fluid pressure in mechanics of overthrust faulting [J]. Geological Society of America Bulletin, 1959, 70(2): 115.

[29] Hunt J M. Generation and migration of petroleum from abnormally pressured fluid compartments[J]. AAPG Bulletin, 1990, 74(1): 1–12.

[30] Klyukin Y I, Steele-MacInnis M, Lecumberri-Sanchez P, et al. Fluid inclusion phase ratios, compositions and densities from ambient temperature to homogenization, based on PVTX properties of H_2O-NaCl [J]. Earth-Science Reviews, 2019 (198): https://doi.org/10.1016/j.earscirev.2019.102924.

[31] Li Jun, Zhao Jingzhou, Wei Xinshan, et al. Origin of abnormal pressure in the Upper Paleozoic shale of the Ordos Basin, China [J]. Marine and Petroleum Geology, 2019(110): 162–177.

[32] Li Pingping, Hao Fang, Zhang Baiqiao, et al. Heterogeneous distribution of pyrobitumen attributable to oil cracking and its effect on carbonate reservoirs: Feixianguan Formation in the Jiannan gas field, China [J]. AAPG Bulletin, 2015, 99(4): 763–789.

[33] Liu Keyu, Eadington P. Quantitative fluorescence techniques for detecting residual oils and reconstructing hydrocarbon charge history [J]. Organic Geochemistry, 2005, 36(7): 1023–1036.

[34] Luthi S M, Souhaite P. Fracture aperatures from electrical bore hole scans [J]. Geophysics, 1990, 55(3): 821–833.

[35] Palmer M R, Elderfield H. Sr isotope composition of sea water over the past 75 Myr [J]. Nature, 1985, 314(6011): 526–528.

[36] Palmer M R, Edmond J M. The strontium isotope budget of the modern ocean [J]. Earth & Planetary Science Letters, 1989, 92(1): 11–26.

[37] Pang L S K, George S C, Quezada R A. A study of the gross compositions of oil-bearing fluid inclusions using high performance liquid chromatography [J]. Organic Geochemistry, 1998, 29(5–7): 1149–1161.

[38] Parnell J, Green P F, Watt G, et al. Thermal history and oil charge on the UK Atlantic margin [J]. Petroleum Geoscience, 2005, 11(2): 99–112.

[39] Peters K E, Walters C C, Moldowan J M. The biomarker guide: Biomarkers and isotopes in petroleum exploration and earth history [M]. Cambridge, United Kingdom: Cambridge University Press, 2005.

[40] Ping Hongwei, Chen Honghan, Zhai Puqiang, et al. Petroleum charge history in the Baiyun depression and Panyu lower uplift in the Pearl River Mouth Basin, northern South China Sea: Constraints from integration of organic geochemical and fluid inclusion data [J]. AAPG Bulletin, 2019, 103(6): 1401–1442.

[41] Qi Jiafu, Yang Qiao. Cenozoic structural deformation and dynamic processes of the Bohai Bay basin province, China [J]. Marine and Petroleum Geology, 2010(27): 757–771.

[42] Qiu Nansheng, Jiang Guang, Mei Qinghua, et al. The Paleozoic tectonothermal evolution of the Bachu Uplift of the Tarim Basin, NW China: Constraints from (U-TH)/He ages, apatite fission track and vitrinite reflectance data [J]. Journal of Asian Earth Sciences, 2011, 41(6): 551–563.

[43] Schowalter T T. Mechanics of second hydrocarbon migration and

entrapment [J]. AAPG Bulletin, 1979, 63(5): 726–760.

[44] Steele-MacInnis M, Lecumberri-Sanchez P, Bodnar R J. $H_{OKIE}F_{LINCS\_}H_2O$-NaCl: A Microsoft Excel spreadsheet for interpreting microthermometric data from fluid inclusions based on the PVTX properties of H_2O–NaCl [J]. Computers and Geosciences, 2012(49): 334–337.

[45] Summons R E, Hope J M, Swart R, et al. Origin of Nama Basin bitumen seeps: Petroleum derived from a Permian lacustrine source rock traversing southwestern Gondwana [J]. Organic Geochemistry, 2008(39): 589–607.

[46] Tian Jingqiang, Hao Fang, Zhou Xinhuai, et al. Distribution, controlling factors, and oil-source correlation of biodegraded oils in the Bohai offshore area, Bohai Bay basin, China [J]. AAPG Bulletin, 2017, 101(3): 361–386.

[47] Tingay M R P, Hillis R R, Swarbrick R E, et al. Origin of overpressure and pore-pressure prediction in the Baram province, Brunei [J]. AAPG Bulletin, 2009, 93(1): 51–74.

[48] Wang Qi, Zou Huayao, Hao Fang, et al. Petroleum charge and entrapment along active faults: Study of the accumulation mechanism of the Qinhuangdao 29 oil field on the slope of the Shijiutuo uplift, Bohai Sea [J]. AAPG Bulletin, 2016, 100(10): 1541–1560.

[49] Whiticar M J. Carbon and hydrogen isotope systematics of bacterial formation and oxidation of methane [J]. Chemical Geology, 1999, 161(1–3): 291–314.

[50] Zhang Dajiang, Huang Difan, Li Jinchao. Biodegraded sequence of Karamay oils and semi-quantitative estimation of their biodegraded degrees in Junggar basin, China [J]. Organic Geochemistry, 1988, 13(1–3): 295–302.

[51] Zhang Shuichang, He Kun, Hu Guoyi, et al. Unique chemical and isotopic characteristics and origins of natural gases in the Paleozoic marine formations in the Sichuan Basin, SW China: Isotope fractionation of deep and high mature carbonate reservoir gases [J]. Marine and Petroleum Geology, 2017(89): 68–82.

[52] Zhang Tongwei, Zhang Mingjie, Bai Baojun, et al. Origin and accumulation of carbon dioxide in the Huanghua depression, Bohai Bay Basin, China [J]. AAPG Bulletin, 2008, 92(3): 341–358.

[53] Zhao Jinzhou, Zhang Wenzheng, Li Jun, et al. Genesis of tight sand gas in the Ordos Basin, China[J]. Organic Geochemistry, 2014(89): 76–84.

[54] Zhao Zilong, Zhao Jinzhou, Ren Haijiao, et al. Characterization and

formation mechanisms of fractures and their significance to hydrocarbon accumulation: A case study of the Lower Ordovician mid-assemblage Formations in the central Ordos Basin, China [J]. Journal of Central South University, 2018, 25(11): 2766–2784.

[55] Zhao Zilong, Wang Zhenliang, Wang Deying, et al. Tracing deep fluids in the Bozhong Sag: Evidence from integrated petrography and geochemistry data [J]. Marine and Petroleum Geology, 2020, 113, https://doi.org/10.1016/j.marpetgeo.2019.104154.

[56] Zhu Dongya, Liu Quanyou, Jin Zhijun, et al. Effects of deep fluids on hydrocarbon generation and accumulation in Chinese Petroliferous Basins [J]. Acta Geologica Sinica, 2017, 91(1): 301–319.

[57] Zwicker J, Smrzka D, Himmler T, et al. Rare earth elements as tracers for microbial activity and early diagenesis: a new perspective from carbonate cements of ancient methane-seep deposits [J]. Chemical Geology, 2018(501): 77–85.

[58] 白玉彬，赵子龙，赵靖舟，等．鄂尔多斯盆地安塞地区长 9 致密油成藏机理与主控因素［J］．中南大学学报（自然科学版），2014，45（9）：3127-3136.

[59] 包友书．陆相泥页岩在水平地应力作用下裂缝的多样性——以济阳坳陷古近系泥页岩为例［J］．石油学报，2019，40（7）：777–785.

[60] 陈荷立．泥岩压实与油气运移研究［J］．西北大学学报（自然科学版），1988，18（1）：28–30.

[61] 陈建渝，曹树春，曹忠祥，等．中国东部中、浅层气藏成藏动力学特征——以济阳坳陷中、浅层气藏为例［J］．油气地质与采收率，2001，8（1）：13–17.

[62] 成晓啸，李平平，邹华耀，等．川东兴隆场地区长兴组白云岩地球化学特征及流体来源［J］．地质学报，2013，87（7）：1031–1040.

[63] 陈勇，王鑫涛，方世虎，等．准南霍－玛－吐构造带紫泥泉子组油气成藏流体动力学特征［J］．中国石油大学学报（自然科学版），2013，37（3）：30–36.

[64] 戴金星，戚厚发．我国煤成烃气的 δ^{13}C-Ro 关系［J］．科学通报，1989，34（9）：690–692.

[65] 戴金星．各类天然气的成因鉴别［J］．中国海上油气（地质），1992，6（1）：11–19.

[66] 戴金星，倪云燕，秦胜飞，等．四川盆地超深层天然气地球化学特征［J］．石油勘探与开发，2018，45（4）：1–10.

[67] 邓运华. 渤海大中型潜山油气田形成机理与勘探实践 [J]. 石油学报, 2015, 36 (3): 253-261.

[68] 刁慧, 刘金水, 侯读杰, 等. 中国近海断—坳转换期煤系烃源岩特征——以西湖凹陷平湖组烃源岩为例 [J]. 海洋地质与第四纪地质, 2019, 39 (6): 102-114.

[69] 范昌育, 王震亮, 张凤奇. 库车坳陷克拉苏冲断带传递型超压的识别、计算及其主控因素 [J]. 中国石油大学学报 (自然科学版), 2014, 38 (3): 32-38.

[70] 付广, 段海凤, 祝彦贺, 等. 原油通过断裂带渗滤运移的物理模拟及其研究意义 [J]. 油气地质与采收率, 2006, 13 (1): 40-43.

[71] 付金华, 段明辰, 段毅, 等. 华庆地区长 8 原油含氮化合物及运移研究 [J]. 中国矿业大学学报, 2017, 46 (4): 838-845.

[72] 付晓飞, 陈哲, 闫百泉, 等. 海拉尔 - 塔木察格盆地中部断陷带油气富集主控因素分析——断层和盖层双控模式 [J]. 中国科学: 地球科学, 2013(8): 1338-1351.

[73] 郭涛, 杨波, 陈磊, 等. 岩浆岩三维精细刻画——黄河口凹陷南斜坡渤中 34-9 油田的发现 [J]. 中国海上油气, 2016, 28 (2): 71-77.

[74] 郭小文, 何生, 刘可禹, 等. 烃源岩生气增压定量评价模型及影响因素 [J]. 地球科学 (中国地质大学学报), 2013, 38 (6): 1263-1270.

[75] 郝芳, 董伟良. 沉积盆地超压系统演化、流体流动与成藏机理 [J]. 地球科学进展, 2001, 16 (1): 79-85.

[76] 何登发. 不整合面的结构与油气聚集 [J]. 石油勘探与开发, 2007, 34 (2): 142-149.

[77] 侯明才, 曹海洋, 李慧勇, 等. 渤海海域渤中 19-6 构造带深层潜山储层特征及其控制因素 [J]. 天然气工业, 2019, 39 (1): 33-44.

[78] 侯志强, 张书平, 李军, 等. 西湖凹陷中部西斜坡地区超压成因机制 [J]. 石油学报, 2019, 40 (9): 1059-1068, 1124.

[79] 胡安平, 戴金星, 杨春, 等. 渤海湾盆地 CO_2 气田 (藏) 地球化学特征及分布 [J]. 石油勘探与开发, 2009, 36 (2): 181-189.

[80] 胡洪瑾, 蒋有录, 刘景东, 等. 东濮凹陷文留地区煤成气运聚机理及成藏过程 [J]. 地质力学学报, 2019, 25 (2): 215-222.

[81] 胡钦红, 张宇翔, 孟祥豪, 等. 渤海湾盆地东营凹陷古近系沙河街组页岩油储集层微米—纳米级孔隙体系表征 [J]. 石油勘探与开发, 2017, 44 (5):

681–690.

［82］胡文瑄．盆地深部流体主要来源及判识标志研究［J］．矿物岩石地球化学通报，2016，35（5）：817–826.

［83］胡志伟，徐长贵，王德英，等．渤海海域走滑断裂叠合特征与成因机制［J］．石油勘探与开发，2019，46（2）：1–14.

［84］黄思静，黄可可，钟怡江，等．四川广安龙门峡南剖面下三叠统海相碳酸盐岩的碳同位素组成与对比［J］．中国科学：地球科学，2017，47（1）：57–71.

［85］纪友亮，胡光明，黄建军，等．渤海湾地区中生代地层剥蚀量及中、新生代构造演化研究［J］．地质学报，2006，80（3）：351–358.

［86］姜福杰，庞雄奇．环渤中凹陷油气资源潜力与分布定量评价［J］．石油勘探与开发，2011，38（1）：23–29.

［87］蒋有录．渤海湾盆地天然气聚集带特征及形成条件［J］．中国石油大学学报（自然科学版），1999，23（5）：9–13.

［88］蒋有录，苏圣民，刘华，等．渤海湾盆地新生界沉积洼陷类型及与油气富集的关系［J］．石油学报，2019，40（6）：635–645.

［89］姜雪，刘丽芳，孙和风，等．气候与构造控制下湖相优质烃源岩的差异分布——以渤中凹陷为例［J］．石油学报，2019，40（2）：165–175.

［90］姜振学，庞雄奇，曾溅辉，等．油气优势运移通道的类型及其物理模拟实验研究［J］．地学前缘，2005，12（4）：507–516.

［91］金之钧，朱东亚，孟庆强，等．塔里木盆地热液流体活动及其对油气运移的影响［J］．岩石学报，2013，29（3）：1048–1058.

［92］赖万忠．渤海海域天然气勘探前景［J］．中国海上油气，2000，14（3）：168–173.

［93］李慧勇，徐云龙，王飞龙，等．渤海海域深层潜山油气地球化学特征及油气来源［J］．天然气工业，2019，39（1）：45–56.

［94］李军，邹华耀，周心怀，等．渤海海域 CO_2 成因与分布主控因素［J］．中国海上油气，2012，24（2）：19–22.

［95］李振明，邱楠生，刘念，等．利用定量荧光技术表征厚层源岩层系的油气运聚机制——以渤海湾盆地廊固凹陷沙河街组四段为例［J］．石油学报，2019，40（10）：1158–1171.

［96］廖玲玲，王云鹏．利用包裹体 PVTx 和 PetroMod 盆地模拟系统反演鄂尔多斯盆地上古生界古流体压力［J］．矿物岩石地球化学通报，2015，35（5）：

955–959.

［97］林玉祥，孙宁富，郭凤霞，等．油气输导机制及输导体系定量评价研究［J］．石油实验地质，2015，37（2）：237–245.

［98］刘斌，沈昆．包裹体流体势图在油气运聚研究方面的应用［J］．地质科技情报，1998，17（S1）：81–86.

［99］刘金水，赵洪．东海陆架盆地西湖凹陷平湖斜坡带差异性气侵的成藏模式［J］．成都理工大学（自然科学版），2019，46（4）：487–496.

［100］刘金水，张国栋，刘云．西湖凹陷A洼陷异常高压封存箱成因机制与控藏作用［J］．中国海上油气，2023，35（3）：25–33.

［101］刘可禹，刘建良．盆地和含油气系统模拟（BPSM）研究现状及发展趋势［J］．石油科学通报，2017，2（2）：161–175.

［102］刘洛夫，霍红，李超，等．利用咔唑类化合物研究油气的运移——以塔里木盆地环阿瓦提凹陷志留系古油藏为例［J］．石油实验地质，2006，28（4）：366–369.

［103］刘全有，朱东亚，孟庆强，等．深部流体及有机－无机相互作用下油气形成的基本内涵［J］．中国科学：地球科学，2019，49（3）：499–520.

［104］刘文汇，徐永昌．煤型气碳同位素演化二阶段分馏模式及机理［J］．地球化学，1999，28（4）：359–366.

［105］卢焕章，范宏瑞，倪培，等．流体包裹体［M］．北京：科学出版社，2004.

［106］卢双舫，张敏．油气地球化学［M］．北京：石油工业出版社，2008.

［107］罗晓容，张立宽，雷裕红．油气运移—定量动力学研究与应用［M］．北京：科学出版社，2018.

［108］马永生，蔡勋育，赵培荣．深层、超深层碳酸盐岩油气储层形成机理研究综述［J］．地学前缘，2011，18（4）：181–192.

［109］牛成民，杜晓峰，王启明，等．渤海海域新生界大型岩性油气藏形成条件及勘探方向［J］．岩性油气藏，2022，34（3）：1–14.

［110］漆家福，周心怀，王谦身．渤海海域中郯庐深断裂带的结构模型及新生代运动学［J］．中国地质，2010，37（5）：1231–1242.

［111］沈平，申歧祥，王先彬，等．气态烃同位素组成特征及煤型气判识［J］．中国科学（B辑：化学 生物学 农学 医学 地学），1987，17（6）：647–656.

［112］宋国奇，徐兴友，李政，等．济阳坳陷古近系陆相页岩油产量的影响因素［J］．石油与天然气地质，2015，36（3）：463–471.

［113］苏奥，陈红汉，吴悠，等．东海盆地西湖凹陷中西部低渗近致密—致密砂岩气成因、来源及运聚成藏［J］．地质学报，2018，92（1）：184–196．

［114］孙同文，高喜成，吕延防，等．断裂转换带作为油气侧向、垂向运移通道的研究进展［J］．石油与天然气地质，2019，40（5）：1–11．

［115］滕长宇，邹华耀，郝芳，等．渤海海域天然气保存条件与分布特征［J］．天然气地球科学，2015，26（1）：71–80．

［116］王大锐，张映红．渤海湾油气区火成岩外变质带储集层中碳酸盐胶结物成因研究及意义［J］．石油勘探与开发，2001，28（2）：40–42．

［117］王冠民，熊周海，张健，等．渤海湾盆地渤中凹陷油藏断裂特征及对成藏的控制作用［J］．石油与天然气地质，2017，38（1）：62–70．

［118］王清斌，臧春艳，朱文森，等．渤中坳陷石臼陀凸起东段幔源 CO_2 充注对储集层黏土矿物的影响［J］．岩石矿物学杂志，2012，31（5）：674–680．

［119］王一波，胡圣标，聂栋刚，等．郯庐断裂带是热异常带吗：来自断裂带南段热流的约束［J］．地球物理学报，2019，62（8）：3078–3094．

［120］王震亮，陈荷立．神木 – 榆林地区上古生界流体压力分布演化及对天然气成藏的影响［J］．中国科学（D 辑：地球科学），2007，37（S1）：49–61．

［121］王震亮，魏丽，王香增，等．鄂尔多斯盆地延安地区下古生界天然气成藏过程和机理［J］．石油学报，2016，37（S1）：99–110．

［122］吴智平，侯旭波，李伟．华北东部地区中生代盆地格局及演化过程探讨［J］．大地构造与成矿学，2007，31（4）：385–399．

［123］肖述光，李慧勇，李飞，等．渤海西部中新生代多旋回构造演化与潜山形成［J］．海洋地质前沿，2020，36（6）：1–10．

［124］谢玉洪，张功成，沈朴，等．渤海湾盆地渤中凹陷大气田形成条件与勘探方向［J］．石油学报，2018，39（11）：1199–1210．

［125］徐长贵，赖维成，张新涛，等．中国海油油气勘探新进展与未来勘探思考［J］．中国海上油气，2023，35（2）：1–12．

［126］徐长贵，于海波，王军，等．渤海海域渤中 19–6 大型凝析气田形成条件与成藏特征［J］．石油勘探与开发，2019，46（1）：25–38．

［127］徐陈杰，叶加仁，刘金水，等．东海西湖凹陷平湖组Ⅲ型干酪根暗色泥岩生排烃模拟［J］．石油与天然气地质，2020，41（2）：359–366．

［128］薛永安．渤海海域深层天然气勘探的突破与启示［J］．天然气工业，2019，39（1）：11–20．

［129］薛永安，许鹏，汤国民．渤中凹陷西南环特大型高产油气聚集带的发

现与勘探启示［J］. 中国海上油气，2023，35（3）：1-11.

［130］杨海风，王德英，高雁飞，等. 渤海湾盆地盆缘洼陷新近系天然气成因与油气差异富集机理——以黄河口凹陷东洼为例［J］. 石油学报,2019,40（5）：509-518.

［131］于海波，王德英，牛成民，等. 渤海海域渤南低凸起碳酸盐岩潜山储层特征及形成机制［J］. 石油实验地质，2015，37（2）：150-163.

［132］余一欣，周心怀，徐长贵，等. 渤海海域断裂相互作用及其油气地质意义［J］. 石油与天然气地质，2018，39（1）：11-19.

［133］雍世河，张超谟，高楚乔，等. 测井数据处理与综合解释［M］. 东营：中国石油大学出版社，2007.

［134］邹华耀，龚再升，滕长宇，等. 渤中坳陷新构造运动断裂活动带PL19-3大型油田晚期快速成藏［J］. 中国科学：地球科学，2011，41（4）：482-492.

［135］邹玮，余一欣，刘金水，等. 东海盆地西湖凹陷中央反转构造带发育主控因素及宁波背斜形成过程［J］. 石油学报，2021，42（2）：176-185.

［136］张水昌，高志勇，李建军，等. 塔里木盆地寒武系—奥陶系海相烃源岩识别与分布预测［J］. 石油勘探与开发，2012，39（3）：285-294.

［137］赵靖舟. 论幕式成藏［J］. 天然气地球科学，2005，16（4）：469-476.

［138］赵靖舟，李军，曹青，等. 论致密大油气田成藏模式［J］. 石油与天然气地质，2013，34（5）：573-583.

［139］赵靖舟，李军，徐泽阳. 沉积盆地超压成因研究进展［J］. 石油学报，2017，38（9）：973-998.

［140］赵靖舟，孟选刚，韩载华. 近源成藏——来自鄂尔多斯盆地延长组湖盆东部“边缘”延长组6段原油的地球化学证据［J］. 石油学报，2020，41（12）：1513-1526.

［141］赵文智，朱光有，张水昌，等. 天然气晚期强充注与塔中奥陶系深部碳酸盐岩储集性能改善关系研究［J］. 科学通报，2009，54（20）：3218-3230.

［142］赵贤正，周立宏，蒲秀刚，等. 断陷盆地洼槽聚油理论的发展与勘探实践——以渤海湾盆地沧东凹陷古近系孔店组为例［J］. 石油勘探与开发，2019，45（6）：1092-1102.

［143］赵子龙，赵靖舟，曹磊，等. 基于充注模拟实验的致密砂岩气成藏过程分析——以鄂尔多斯盆地为例［J］. 新疆石油地质，2015，36（5）：583-587.

[144] 赵子龙. 渤中凹陷深层油气运聚成藏机制[D]. 西安：西北大学，2020.

[145] 翟明国，朱日祥，刘建明，等. 华北东部中生代构造体制转折的关键时限[J]. 中国科学（D辑：地球科学），2003，33（10）：913-922.

[146] 郑永飞，陈江峰. 稳定同位素地球化学[M]. 北京：科学出版社，2000.

[147] 周心怀，蒋一鸣，唐贤君. 西湖凹陷成盆背景、原型盆地演化及勘探启示[J]. 中国海上油气，2019，31（3）：1-10.

[148] 周心怀. 西湖凹陷地质认识创新与油气勘探领域突破[J]. 中国海上油气，2020，32（1）：1-12.

[149] 朱伟林，米立军. 中国海域含油气盆地图集[M]. 北京：石油工业出版社，2010.